實戰商學院 002

用大腦行為科學
玩行銷

操控潛意識，顧客不自覺掏錢買單，賣什麼都暢銷

ビジネスに活かす脳科学

萩原一平——著

王郁雯——譯

方言文化

推薦序 —— Recommendation

深度理解顧客思維的科學

問卷越來越難瞭解顧客，明明市調報告是這樣，為什麼行為結果不是這樣？為什麼廣告前測的效果越來越難？根據前測做的廣告越來越四平八穩，無法贏得顧客的心？

隨著科技的進步，回答問卷以外的市調方法越來越能發現消費者潛意識的想法，從網頁設計的消費者易用性測試中，不管是從游標移動軌跡記錄，進步到眼球移動追蹤的技術，或是賣場人流追蹤以及貨架前行為偵測等等，都可以從實際的觀察中找出消費者真正的購物行為。

大數據的分析提供我們不是「為何如此」，而是「正是如此」的行為統計，行銷課堂上常說的「尿布與啤酒」消費關聯性分析，早已大大應用在各種行銷方式上——日本的超市啤酒最常送的不是男人愛的啤酒杯或是露營組，而是菜瓜布跟保鮮膜；因為購買者是家庭主婦，想說：「老公既然愛喝酒，不如讓他在家喝，還免費贈送保鮮膜可以在廚房用。」

行銷的目的是讓市場自然而然地動起來（market+ing），很重要的就是幫助消費者思考。以前在7-Eleven服務的時候，全家提出第二件六折，創造極佳的價格印象，我們想不過就是二件八折，於是推出二件七九折的活動來打對台，但效果就是沒有直覺反應的六折好。後來又推出另一波「兩人經濟學」的廣告，訴求心理層面，強調兩個人在一起生活，房租水電都只要一半，到小七買東西也有各種折扣，獲得很好的迴響。

行銷早已不是加減乘除的經濟學，而是深度理解顧客思維的心理學。經濟學的部分已經降到很粗淺的價格彈性分析；心理學則是在跟顧客鬥智，想著如何引導消費者把你的產品、價格放在什麼樣的象限來思考，如何跟消費者的某個生活經驗產生關連，成了最重要的課題。

全聯過去在價格上早已得到消費者的肯定，因此若是再強調「保證最低價」，似乎也不會有新的業績進來。近年來一系列「全聯經濟美學」的廣告，就是把年輕人的困境與夢想，和全聯的價格形象產生大腦化學效應，進而帶動年輕客層的成長。

人們常說，世界上最難的兩件事就是：1. 把你的腦袋換成我的腦袋；2. 把你口袋的錢放到我的口袋。

仔細研究消費行為，善用大腦潛意識，把消費者隱而未說的行為，運用到你的行銷作為上。這本書會給你系統性的整理及引導，讓你能幫顧客解決說不上來的問題，就會是業績成長的來源。

（全聯福利中心　行銷部協理　劉鴻徵）

目錄

Chapter 1

人類九十五%的決定，出自「潛意識」

Chapter 2

商品研發，從製造消費者「記憶」著手

Chapter 3

消費者「情緒」，對購買行為影響大

Chapter 4

無意識「認知偏差」，影響有意識決策

Chapter 5

兩套「資訊處理法」並用，大腦快速應變

Chapter 8

「神經傳導物質」，誘發行為的隱形力量

總結

腦科學衍生三大研究，是未來商機關鍵

前言 —— preface

未來十年商戰決勝關鍵，在大腦行為科學

在《孫子兵法》中有一句名言：「知彼知己，百戰不殆。」相信大家應該都曾聽過。進一步詮釋的話，可以說是——若不了解對手，只掌握了自己，贏得勝利的機率就只有一半；若是對敵我雙方的實力都不了解，則無法致勝。

在所有的商務競爭上，掌握對手和認識自己都甚為重要。了解消費者、顧客、合作對象、上司、部下、夥伴、對方及自我，這就是商務的基本，是成功的「關鍵」。

其實，腦科學就是「知彼知己」的有效方法。或許一般人普遍認為「腦科學」是充滿冷僻的醫學術語或專業用語的艱深科學，但我們從中可直接獲得非常純粹的科學知

識，也可以理解許多人類本質的重要知識。而且，從不少自古流傳下來的格言或名言當中，能看出古人已經知道大腦的作用，並了解其重要性；腦科學也為這些有益的古老智慧提供科學證據。說起名言和格言為何得以傳承，我想是那些說明人類本質且發人省思的內容，需用「心」留意才不致遭到遺忘，因此要用話語形式保存。

講到「意識」，事實上，我們大多數的決策或行動，都是經由意識無所覺的大腦指令而做出來。一般認為**九十五%的決策是在無意識中完成的。換言之，一天當中只有一小時左右是有意識性地進行決策**，甚或可以說整天幾乎都在無意識的決策下度過。也許各位讀者會覺得驚訝，但大腦可說是二十四小時全年無休（睡覺時大腦仍在活動），隨時因應我們沒有察覺的外部環境條件或身體變化來控制腦內神經傳導物質，產生愉快或不愉快情緒，並且進行決策。結果，則是引起為了延續愉快狀態的「愉快情緒行動」，或是因為想避免不快狀態的「不快情緒行動」。

而且，人在做決策時，會參考腦中天生擁有的「本能資訊」，以及透過學習或經驗等形成的「後天資訊」來進行決策，而非從腦中挑選出最理想的資訊，這一點和電腦截然不同——電腦會先搜尋一遍所有資訊，嘗試各種組合以找出最適解答——但如果人類一樣這麼做的話，很可能早上起床後到晚上入睡前什麼事情都做不了。

因此，人類的大腦並非絕對客觀地參考腦中的資訊，而經常是參考過去的資訊使用量、重要程度和使用頻率等，在短時間內進行決策，因此某些時候會偏頗扭曲。

另一方面，以腦為中心，「人體」具有感應他人和自我的功能，因此可以了解他人或自己。只不過，我們非但沒徹底使用這功能，反倒可能在不知不覺間，犯了「自我中心」的錯誤。

大腦是人類的指揮塔

了解大腦，等於了解人，也是了解消費者、顧客和一起努力的夥伴們，當然也有助於了解自己。對企業活動來說，腦科學是相當重要的基礎。以歐美企業而言，關於腦科學知識的研究開發或在行銷上的活用，現在已經是理所當然的事，可以這麼說的原因就在於，歐美國際企業中所擁有的腦科學博士專家，即使保守地推估，人數也是日本的好幾倍。從這個現象可以了解，企業要在國際化競爭中勝出，活用腦科學可說是「第一關鍵」。

況且，和腦科學的進化一樣，由於「資訊通訊技術」（information and communication technology, ICT）的持續革新，人工智慧也出現飛躍性的進步。因此國際企業之間的競爭，一定會從如何活用網路，轉變為如何活用人工智慧，而這不只是資訊相關產業的運用而已，也可以用在汽車、食品、住宅和服務等各項產業領域；人工智慧的活用就是「第二關鍵」。

往後的十年，除了第一關鍵的腦科學研究，和第二關鍵的人工智慧研究之外，還有個「第三關鍵」，也就是前兩項所延伸出的「機器人研究」，而這三者的融合和產業應用，將會成為未來的「革新關鍵」。本書將從這樣的觀點，與商務角度結合，為大家介紹，要理解未來就絕對不能遺漏錯失的腦科學研究成果。

說到腦科學，可能有很多人會認為，就是醫院裡在頭上貼了數十個電極，或者使用像個巨大甜甜圈一樣的磁核共振影像診斷裝置（Magnetic resonance imaging, MRI），做一些測量腦波的事情。

使用這些裝置測量腦波的確也是重要的實驗研究，但是腦科學的運用方法並非只有腦波測量而已；在商務上應用許多腦科學研究所獲得的知識，這也屬於活用。此外，人的心跳變化、視線轉移或舉手投足，也都是由大腦控制與決策的結果，無論生理測量或行為觀察等等也都是了解大腦活動的方法之一，屬於腦科學的一部分。

本書所探討的主題，是根據「應用腦科學聯盟」（Consortium for Applied Neuroscience, CAN）[1]對其探討範疇的定義：「將關於大腦的各種研究成果或知識，應用在產業（包含醫療、社會福利、教育）上，即為本組織的目的。以與腦有關的知識為中心，融合神經科學、心理學、認知科學、行動科學、社會學、經濟學、工程學、資訊學、教育學、經營學（市場行銷、人才培育、組織論）等各種不同的研究領域，目標是為產業發展帶來貢獻。」

打開八個「決策黑箱」，掌握腦知識商機

相信有很多人認為，與腦有關的書，十之八九會出現「海馬體」、「前額葉」等艱深的醫學術語，要是缺乏專業知識的話就難以消化理解，因此本書將盡量不使用腦科學的專業用語，而是簡單明瞭地在每一章節闡述有助於商務的八項腦知識。

首先，第一章中會說明人類九十五％的決策或行動，都來自「潛意識」，同時說明理解潛意識的重要性，以及現有行銷手法的極限和腦科學的可能用途。

第二章則會介紹決策或行動時，「記憶」所扮演的重要角色。比如說，消費者都記住了些什麼？對於商品的印象或品牌是如何被記憶的？對於商務決策，記憶發揮了什麼的作用？逐一說明記憶的機制、種類以及記憶所引起的誤會等等。

接著，第三章討論與潛意識決策和行動有著密切關連的「情緒」，以及這為行動帶來了哪些影響。所謂的情緒是大腦由於身體內外變化引起的潛意識身體反應，進而在有意識之下所產生的「情感」。比方說，感覺寒冷而顫抖，是因為皮膚底下的溫度感應功能感受到了寒冷，試圖禦寒而促使身體活動來產生熱能。而且，因為寒冷，也就是一種「不快情感起伏狀態」引起不愉快情緒，產生了像是打開暖爐，或是穿上毛衣等等當下可思考到的應對行為，以排除不快感。

至於第四章，則說明左右決策的大腦「認知偏差」。腦中有著先天性，也就是遺傳性、本能性的認知偏差，以及因後天記憶而形成的認知偏差。由於有這些偏差，人類可以迅速地進行決策，反之，也容易判斷失誤，造成損失。

第五章當中，介紹腦如何「處理與身體內外變化相關的資訊」。腦中有「由上而下處理」以及「由下而上處理」的架構，透過這些處理資訊的架構來進行決策，採取行動。這裡會說明大腦如何知道環境變化，又如何向身體發出指示。

第六章說明大腦如何「處理透過五感所獲得的資訊」。所謂的五感資訊，指的就是視覺資訊、聽覺資訊、嗅覺資訊、觸覺資訊和味覺資訊；傳入大腦的資訊量多寡，就如同上面所列出的順序，特別是視覺資訊佔了外部資訊的九成以上。我還會具體地介紹五感的神奇之處。事實上，這神奇的五感對商務——尤其指市場行銷或商品開發——來說是特別重要的知識。

接著，第七章說明我們看見他人表情或行動時，會產生反應的「鏡像神經元」。不論是理解他人或是社會文化，甚至可以說是在人類文化傳承上，這個神經元發揮極為重要的作用。

第八章會介紹讓大腦活動的化學物質。相信有很多人聽過多巴胺（dopamine）、腎上腺素（epinephrine 或 adrenaline）等單字，腦中還有許多不同的化學物質，這些物質在腦內傳遞資訊，深切影響著我們的行動。

最後一章總結今後十年為腦科學與資訊科學的時代，並且針對再次受到矚目的人工智慧（artificial intelligence, AI）與腦科學之間的關係，以及腦科學、人工智慧和資訊通訊技術融合之後的前景與課題作說明。

✣ ✣ ✣

在編寫前作《腦科學改變商務》時，筆者以企業經營者或在第一線活躍的商務人士為中心，盡可能地避開專業用語，介紹了有助於商務的相關研究事例。即使如此，但我還是聽到了許多認為太過艱澀難懂或內容太多的評語。因此，一方面整理出前作未能介紹的事例，並且為了讓各位讀者能更輕鬆地閱讀，或是開始產生興趣，因此我彙整出重點，重新執筆寫了這本書。

誠心希望各位讀者能更加理解腦科學、心理學，或是包含這些在內的應用腦科學，並且開始思考在商務上的活用。

二〇一五年七月　萩原一平

企業的價值，是滿足客戶的腦

鬧鐘的驚人聲響應該會讓人醒來，但你卻在不知不覺中按下停止鍵，回到香甜夢鄉；後來又突然清醒「糟了！睡過頭了！要遲到了！」像這樣貪睡而差點趕不上重要會議，或是真的因此錯過原本要搭的班機等等，相信很多人至少曾有過一次類似經驗。

這種狀況，是在本人沒有察覺的時候，大腦想要和身體一起繼續休息，而擅自關掉鬧鐘停止警覺，試圖讓身體保持深度睡眠狀態。也就是說，我們在「無意識」中採取了這樣的行動。

歷來就有一種說法：「大腦是人類的指揮塔」。我們從早上起床後到晚上入眠前，甚至是睡覺中——二十四小時乘以三百六十五天——只要活著的時候，大腦就從未休息而一直運作。最近的腦科學研究發現，即使在睡眠時，大腦仍在整理一天下來所記憶的各種資訊；這一部分活動，也就是我們所說的「作夢」。

那麼，從早到晚，我們大概做了多少像擅自關掉鬧鐘的無意識行動呢？

比如起床後上廁所、刷牙、洗臉等等，每天不知不覺中就會做的日常行為，幾乎都是在無意識中進行；大腦未告訴我們就逕自採取的行動幾乎佔了每天的絕大部分，相當於大半個人生。**科學家認為，人的行動有九成都是「無意識」中做出來的**。

舉例來說，走在山路時偶然遇到蜷曲的大蛇，你可能會望而卻步，心想：「啊！剛剛嚇一跳！」或是當你開車時，前方突然有小孩為了撿球而衝出馬路，相信你應該會反射性地踩下煞車，以免發生事故，然後驚呼：「剛剛真危險！」

上面這兩個例子的共通點，就是大腦會在我們察覺之前搶先對身體發出指令，比如說讓你向後退，或是踩下煞車。

也許有人會認為並非如此，你是因為驚嚇而退縮不前，或是因為感覺危險而踩煞車，但「啊！剛剛嚇一跳！」或「剛剛真危險！」其實已經說明了一切。注意到了嗎？不論哪句話，都是行動「後」的心情或感想。

在事情發生的瞬間，我們的視覺感官取得大蛇或小孩等資訊並傳給大腦，大腦則在讓我們「意識」到之前，趕快向身體（肌肉）下達指示，要求自動迴避危險。經過實驗確認，大約在我們產生意識前的〇．五秒，身體便已行動，表示大腦果然在我們尚未「想」到的時候，就對身體發出指令了；所以才說「大腦是人類的指揮塔」。而且，大腦所指示的命令、決策以及最後產生的行動，有九十五％都是在無意識中進行的，有意識的行動僅五％而已。[2]

這麼看來，實在應該先了解大腦，也就是佔了人生中九成以上的「無意識」決策和行動的「最大根本」。

「市場」是需求相同的腦集合體

據說人類的腦細胞共有一千數百億個。其中，一般認為遠比其他動物來得發達的「大腦」有數百億個腦細胞。大腦負責知覺、認知、運動、記憶、情緒和資訊統整等各種機能，是創造人性的部位。

小腦大約佔整個腦部的十分之一，腦細胞的數量卻遠比大腦來得多，約有一千億個。小腦主要負責知覺和運動機能的統合，為了讓人類可以活動自如而調整全身肌肉。最近的研究中發現小腦的其他職責，也就是與運動方面的記憶有關連。像騎腳踏車或游泳時能夠無意識地循環動作，正是因為小腦發揮了這項重要的作用。

當我們和其他人說話時，腦部會使用所有機能來進行溝通。不只是語言，包含對方說話的速度、音調、身體姿勢、臉部表情，有時可能還包含衣著穿戴或持有的物品，甚至是溝通的場所、時間等等，透過五感無意識地將所有資訊送入大腦，然後分析這些資訊，進而理解對方，達成雙向溝通。換言之，當兩個人在對話時，一千數百億個腦細胞和一千數百億個腦細胞正互相連結運作，讓溝通成立。想像一下多人參加的會議，當下互相連結起來的大腦網絡裡，運作中的腦細胞數量該有多麼龐大。

這樣思考的話，**人與人之間的連結等於是腦與腦之間的網絡**。個人經過相互來往、彼此影響，從而形成社會。社會當中，有鄰里或公司等團體單位。雖然每個人情況不同，但有人可能與鄰里之間的「羈絆」很深；相信也有人較常透過公司和他人連結，形成腦和腦之間厚實堅強的網絡。鄰里是居住在同一個地理空間的人們，相互連結而構成。而公司則可以說是各種專家透過企業的特定活動，以提升社會貢獻及利益為目標所聚集起來的萬能智囊團。

其實，市場也是腦和腦之間的網絡。因為經常聽到汽車市場或飲料市場的說法，或許大家會認為市場是由商品或服務構成的。但實際上所謂的市場，是擁有特定需求或希望，並且透過購買符合這些需求、希望的商品或服務，以獲得滿足感的一群人，其中包括消費者，也包括重視顧客的企業。簡而言之，它是由會產生「我正是想要這個（商品、服務）」這類腦反應的集團構成。

比如說，關於對衣服的希望和對鞋子的希望，如果拋開服飾市場或鞋類市場的單一觀點，轉變成以「時尚」這樣的希望來看市場（腦集合體）的話，就會發現在服飾店中有鞋子專區或皮包專區也是可行的。或者，對於有著「肚子餓了」這項希望的腦集合體來說，美食街果然會有效地吸引他們。

要對市場產生影響，也就是要對構成市場的巨大腦集合體產生影響。而所謂的創造市場，就是要探索在許多大腦中共通的無意識欲求，並且提供滿足這些欲求的商品或服務。

未來學者同時是經營學之父的杜拉克（Peter F. Drucker）曾說：「企業要產生的是感覺滿足的顧客。」如果無法創造出感覺滿足的顧客，當然無法讓顧客付出對價的金錢，企業本身也就無法存續。商品或服務不過是滿足腦反應的一種媒介。換言之，**「企業的存在價值在於滿足顧客的腦」**。

人工智慧輔助人腦，擴大數據分析潛能

不論是社會、鄰里區域、公司，還是市場，都是由人與人之間的連結，亦即腦和腦之間的網絡所構成。

俗話說「三個臭皮匠，勝過諸葛亮」，即使是三個凡人，湊在一起也可以激盪出好的點子。這也是英文中所說的「Two heads are better than one.」或「Four eyes see more than two.」，正說明著人們透過腦與腦之間的連結，發揮出更加強大的力量。

只不過，雖然從收集、分析資訊到激盪出點子的階段，由腦和腦串聯起網絡來進行比較好，但最後做決策的部分，多人參與不見得最好。說直白一點，多數決（majority rule）真的好嗎？因為腦的構造，有種被稱為「團體迷思」（groupthink）的認知偏差可能會產生作用，無意間就受團體內的他人影響，造成決策失誤。因此，在最後的決策時刻，或許可以說需要先遮斷與他人腦部之間的網絡連結，單純靠自己拿主意。後文會詳細說明。

最近，幾乎所有的商務人士都是每人一台電腦，有些公司甚至還會提供每位員工一台智慧型手機或是平板電腦等多功能行動裝置。如此一來，人的大腦變得可以和外部工具——電腦連結，除了能使用電腦的中央處理器（CPU）和記憶體以外，當然也和網路環境等相連，進而能夠無限地收集、分析資訊。

而且，人工智慧再次掀起熱潮，其相關開發和實用化也不斷地發展當中。人工智慧和人腦的結合，可讓我們的潛力無限擴大，卻也出現了人工智慧是否能夠做最後決策的問題。這個問題，在部分領域中或許是「可能」，但在某些領域中卻是「不可能」。如果各位讀者的工作也換成人工智慧來做，上班時會變得非常輕鬆也說不定。

但是，別光顧著開心了。稍微不注意的話，有可能自己的工作就會被電腦奪走。實際上，讀者們應該也曾經看過職業圍棋棋士輸給電腦的新聞。牛津大學的研究也指出，有許多工作可以由電腦或機器人取代人類來執行，有部分的領域，人類的工作或許會因此消失。[3]

哪些事情是非由人類做不可，抑或哪些工作改由電腦做會更加輕鬆等等，思考這些問題時會觸發商用構想，這預示著人工智慧與商機連結的時代已經來臨。

理解大腦運作，就能掌握人心

未來學者暨人工智慧的世界權威——雷・庫茲威爾博士（Dr. Raymond Kurzweil）預測，從現在起約三十年後，即於二〇四五年左右，人工智慧的能力會超越全人類大腦的總合。關於科學技術的進步超越生物學極限的轉捩點，庫茲威爾博士以「技術奇點」（Technological Singularity）來表示，並且推論這個時間點即將到來，在那往後的未來是人類所無法預測、理解的社會文化。

話說回來，電腦究竟能夠理解愛、快樂、恐怖、不安或憎恨等等的情感嗎？像是基努・李維（Keanu Reeves）所主演的《駭客任務》（*The Matrix*）三部曲、近期強尼・戴普（Johnny Depp）所主演的《全面進化》（*Transcendence*），以及拿下奧斯卡最佳劇本獎的《雲端情人》（*HER*）等等，「電腦可否理解人情」這項課題經常成為電影題材。庫茲威爾博士則預測在二〇二九年時，電腦會理解情感，跨越物與人之間的那道牆。

究竟電腦是否真的可以理解人的心？會不會有一天，電腦能和人類相戀，或是出現殺害人類的場面？相信這個答案誰都還不曉得。至此，不免又產生了新的疑問：腦和心一樣嗎？腦科學和心理學有何關係呢？

「心靈」是由「腦部活動」所產生，就這個層面來看，腦科學和心理學就像是銅板正反面，分割不開。某位腦科學大師告訴我：**「腦和心之間的關係，如同時鐘和時間一樣。」**沒有時鐘就無法測量時間，而如果沒有大腦，心靈便不會存在。了解腦部、測量腦波，是了解人心的重要線索。

二〇一四年，美國研究者測量了十多個人的腦波之後，發現能據以預測更廣大群眾的喜好和心理狀態。[4]

實驗首先測量受試者觀賞連續劇時的腦波資料，再收集針對該連續劇的各段劇情場面發表的推特文章數或收視率。前者測出的腦波能得知該位觀眾的喜好；後者則可反映收看連續劇的廣大觀眾喜愛哪些劇情場面。

比較兩份資料之後，推特文章數或收視率等代表全國觀眾的「數據資料」，和測量十多人腦波得出的「時間變化」，可以看出互有相關。這表示，透過測量少數人的腦波，就能預測全美觀眾對於每個劇情場面的喜好。順帶一提，這篇論文發表之前，還為如此明確的研究成果而提出專利申請。

像這樣聰明地活用腦科學，已逐漸地可以明瞭、預測人們的潛在喜好。各位讀者，這下你們知道「了解腦部，掌握人心」的價值所在了吧！

人類九十五％的決定，出自「潛意識」

人的意志或行動，有九十五%都由潛意識來決定。可是，人通常認為自己是在有意識之下決定事物，或是採取行動。就算聽到潛意識指揮的動作佔了九成，有主觀知覺地做決策，然後依照決策的結果來行動只佔了一成，也可能不大能夠理解。這是為什麼呢？當然是因為人只會知道自己有意識時的事情，意識對自己來說就是一切——才不是一成，是十成，是自己的全部！

企業行銷時，即使針對消費者的喜好進行問卷調查或採訪，也難以真正投其所好，這並非消費者的錯。因為消費者本身也不清楚真正的喜好。因此，就算購買了商品，詢問購買理由也不見得可以得到正確答案。

此外，有一種現象是挑中之後喜歡，或是看習慣了之後喜歡，這也是因為大腦的影響。大腦在你自己毫無覺察的狀態下，時刻不停歇地處理許多事情。必須了解的是，大腦只會讓你覺察到那些應該要發現的事情，在你有意識之前已預先做決策，並向身體發出指令。

只是，大腦覺得「比較好」，而在不知不覺中做成的決策，客觀地說，未必就是絕對正確的。要理解並覺察到大腦會在無意識之下決定事物，這是非常重要的。且讓我們來探索無意識，了解讓商務成功的關鍵。

行動後〇．五秒，意識層面才察覺

如同在前言所介紹的，開車時，如果突然有騎著自行車的小孩從岔路衝了出來，我們會嚇一跳然後緊急煞車，並且應該會覺得：「啊！剛剛嚇了一跳！」「啊！剛剛太可怕了！」

這個「剛剛嚇了一跳」和「剛剛太可怕了」都屬於過去式，也說明了意識和潛意識之間的關係。突然衝出來的小孩進入視線範圍，以視覺訊號傳送到大腦（「察覺」狀態）後，立刻想到如果繼續前進就會撞上（「認知」狀況），而決定踩下煞車（進行「判斷、決策」），將腳放上煞車踏板，用盡全力地踩下（行動、操作）。而後，當車子順利地在小孩面前停了下來，才開始產生「啊！剛剛嚇了一跳！」或「啊！剛剛太可怕了！」的情感。大腦在意識到之前，便無意識地一連串執行到踩下煞車的部分。

這段「察覺」↓「認知」↓「判斷、決策」↓「行動、操作」的過程，是潛意識之下進行的。而從「行動」到「意識」，也就是大腦在做決策之後，到成為意識可自覺之間，大約需要多少時間呢？一般認為是〇．五秒。大腦在那之前對身體做出了採取行動的命令，此後才浮現到意識層面。

我們每天在不知不覺中隨意做的事情，幾乎都是在潛意識之下完成的。當然，並不是所有事情都在一開始即能以潛意識進行。比如說，學習開車方法時，因為在駕訓場被教練罵了好幾次，學了好幾次踩煞車的時間點和強度，日後才能在緊急時刻毫不猶豫地因應。如果沒有學會踩煞車的方法，大腦做不出準確的判斷，身體也就無法產生動作。實際上，大家是否也曾有過在一瞬間無法反應，而身體僵在那裡的經驗呢？

以剛剛開車的例子來看，當自己走在人行道上，突然有汽車衝了過來，是否會因此嚇一跳而瞬間無法動彈呢？這個瞬間，腦部無法準確地決策，也就無法產生行動。如果說，你曾經歷多次這樣的狀況，那麼大腦可能就會立即準確地判斷，並在那一瞬間向後退避。可是，在現實中，相信沒有多少人會做躲避來車的訓練。若未經相當的訓練，應該無法像個運動選手一樣，敏捷地向後移動閃躲。

九成行動，由「潛意識」決定

即使如此，有很多事情最初雖在有意識之下進行，但經過反覆幾次之後，也就變得能夠不知不覺地去做。而且，我們從出生之後，便每天經驗許多事情，不斷重複及學習，結果也就有許多事情可以在潛意識之下完成。

現在正閱讀這本書的你，應該也是無意識地翻頁讀著。相信沒有人是每次思考著「將手指放上書邊，用手指拿起書頁，再向右移動手臂」以這種方式來翻頁的。大多數的事情都在潛意識之下完成了判斷。

試想，一天當中你有多少事情是有意識地進行呢？

哈佛大學的杰拉德．札特曼教授（Gerard Zartman）等多位研究者，都認為以潛意識進行的事情是壓倒性地多，在有意識之下判斷然後行動則微乎其微。札特曼教授將此稱為「九五（潛意識）：五（意識）法則」[5]。換個角度來看，說不定你認為自己是有意為之的事情，實際上也是由潛意識來做決策再轉變為行動，而當中的一部分作為意識顯現出來而已。

這麼說起來，或許一天當中確實有許多事情都由潛意識來做決策並付諸行動。如此一想，可能會認為沒什麼，不值得一提，但這一點卻非常重要。原因就在於，當我們購物時，很有可能也是取決於潛意識。說不定你會覺得：「不！不！怎麼可能？至少買東西的時候，我可是知道為什麼會選這個商品，很清楚理由的喔。別把我當笨蛋了。」但是，已經做過多項足以徹底粉碎這種想法的實驗。

那麼，為何商務行銷上必須認識潛意識呢？我們先看一看研究消費者購買理由的現有手段，究竟有哪些問題。

無自覺的購買決策，市調問不出

正閱讀這本書的人，想必有很多都在企業擔任市場行銷、業務或設計開發等職務，每天絞盡腦汁創造出讓消費者願意花錢的商品或服務吧？

「消費者在購買商品或服務時，一定有理由。只要知道了那項理由，下次就能在市場上推出熱銷的商品。消費者想要的到底是什麼呢？」你可能滿腦子都是這樣的想法。所以，對消費者做問卷調查，列出了「為什麼購買這項商品」、「為什麼不買」、「和其他商品比較之後哪裡比較好」或是「哪個部分的魅力不及其他商品」等等一連串想問的問題。

可是，沒辦法在問卷調查時丟出一百個問題。那樣做的話，不但很花時間、很麻煩，消費者也不願意協助回答問卷。即使是用勾選的方法簡單作答，提出二十至三十個問題也就差不多了。

這樣的話，採用「團體訪談」（group interview），直接詢問消費者的意見如何呢？這個方法應該能問到很多細節。的確，它比起問卷調查，更能深入了解意見、想法等定性方面的種種疑問。不過，這只是接受訪談的其中幾個人的片面意見吧？是否受到訪談者或團體領導人的意見誘導呢？市場上的消費者都有相同感覺嗎？假如無法肯定回答的正確，依照這些預測所製作的商品，真的會大賣嗎？

對了！如果問卷調查和團體訪談兩種都實行，那麼，就能定量、定性地了解消費者的心情，預測出大家想要的商品不是嗎？但是，這個結果真的就正確嗎？

其實，千辛萬苦地做問卷調查或團體訪談，也不見得就能了解消費者的心情。這是因為在問卷調查或團體訪談中，往往有下列的陷阱——

- 無意識的事情無法轉化為語言
- 將定性評價定量（尺度）化有其極限
- 有可能因為問題設定（提問的文案、順序等等的設計）使結果有所改變
- 利用問題、假說無法得知設想不到的事情
- 人會視情況使用真心話或客套話
- 由於是事後的調查，因此可能偏離事實

❶無意識的事情無法轉化為語言的部分

人們可能不知不覺中受到品牌、過去的經驗或知識等影響。比如說，試吃某個食品，覺得可口，所以在問卷調查中回答「很喜歡」。那並非因為該食品的獨有味道而感覺可口，或許只因為過去曾經在某處吃過同樣的食物，有了良好印象，而現在所吃到的這個食品和當時的味道很像，於是回答「很喜歡」。可是，本人作答時是否意識到這一點，就不得而知了。

此外，問到是否受電視廣告等宣傳的影響時，如果本人無意間從電視上看見廣告，並且留下記憶的話，就無法排除這項影響因素。即使本人說並未看過廣告，但有可能在候車的時候不自覺地看到了。

如果是本人沒有發現，或是無意識的事情，即使被問到相關問題也無法回答。比如說，實驗當天的早上因為一些事情而不愉快，這也可能在不知不覺中影響購買行為、實驗結果或問卷調查。

問卷調查和團體訪談是經由本人用心思考，而後透過語言表現的主觀報告，而在無意識之下所發生的事情不會有知覺，因此本人無法陳述。如果說人的大多數行動是有意為之，那可能沒有什麼問題，但就像前言所說明的，大腦幾乎都在我們無意識之下處理大部分的事情，忽視「潛意識」的方法有其極限存在。

這雖然是問卷調查或團體訪談向來為人詬病的最大課題，但因為還沒找到適當的替代方法，所以即使知道有此問題，也只得繼續依賴它們。

❷將「定性評價」定量（尺度）化有其極限

這對於做問卷調查的人來說，是非常大的煩惱；其方法論在探測人心的心理學領域中每每招致議論，也是十分棘手的課題。經常使用的方法是「語意區分法」（semantic differential method, SD）。

比如說，為了評價某個飲料是否好喝，經常看到答案選項會有「好喝」、「尚可」、「普通」、「欠佳」和「不好喝」。並且通常將「好喝」設為二分，「尚可」為一分，「普通」是零分，「欠佳」是負一分，最後「不好喝」則為負二分。也可以按照上面的順序，好喝設為一分，不好喝設為五分，或是將分數設為相反順序等等來進行評價。

若給「好喝」二分，「不好喝」設為負二分，這還可以理解，但是「好喝」和「尚可」之間所差的一分，跟「尚可」和「普通」之間所差的一分，是相同的嗎？很有可能「好喝」和「尚可」之間的差異，比起「尚可」和「普通」之間的差異，還來得大不是嗎？特別是現今在店家販賣的東西，幾乎沒有難吃或難喝的。好吃變成很平常的事情。這麼一來，「普通」和「尚可」之間的差異到底是什麼呢？

另一方面，難吃的東西也一樣，只有抱怨不好吃，卻沒有「稍微不好吃」或「不好吃」的差別。這麼一來，不好吃、稍微不好吃（欠佳）和普通之間不知為何都只有相差一分，想想真是難以接受。

價值一百元的食品，如果感覺美味的話，我們就會感到「划算」，也就像大腦直接獲得了報酬一樣。付一百元結果買到的東西很難吃，會覺得「損失」，而不愉快情緒會開始高漲。然而這種時候，如果是相同價值的話，其實人的腦部對於損失的感覺更為強烈。也就是說，這兩種差異並非一樣的。因此，付一百元所吃到的食物可口或不可口，並不是單純的正分或負分。

而且，那些分數原本不是可以隨意地加減乘除的，但有些問卷調查卻毫不猶豫地這麼做。比如說，假設進行了一百人的問卷調查，有二十五人覺得美味、四十人人覺得尚可、二十人覺得普通、十人覺得欠佳，而五人覺得不美味。因為二十五人覺得美味，四十人覺得尚可，所以總計起來回答美味的人有六十五人，是否常看到像這樣用加法計算呢？我想，應該不可能有人會將回答美味的二十五人乘以二分，等於五十分；尚可的四十人乘以一分，等於四十分，所以覺得美味的佔多數，像這樣用乘法來計算。

為了改善難以量化的問題，有個概念相似但一般認為表現程度更準確的「視覺類比量表法」（visual analogue scale, VAS）。首先畫出長為一百公厘的直線，把左端點設為難吃、中央為普通（不好吃也不難吃）、右端點設為好吃；接著請受試者把美味與否的感受標示在直線上——例如受試者A在由左起六十五公厘處畫上標記，受試者B在五十三公厘處畫上標記。這比起SD法更能比較程度方面的差異，分數間的差距看起來也合理。

但此法仍有疑慮，畢竟受試者A和B關於喜惡表現的強弱程度，只有本人才知道；即使兩個人都在五十三公厘處畫上標記，但也無法斷言他們的程度是相同的。此外，當全體受試者的標示「平均」落在七十五公厘處時，也難以判斷這平均值七十五公厘代表著何種意義。

這種VAS法，常在醫療領域中評價疼痛或異常感強度，一般認為既實用，又有很高的信賴性或正當性。但是，也有醫師對於信賴性、正當性這一部分感到疑問，它同樣面臨只能依靠受試者之主觀的課題。

為了定量評價受試者的感性或價值觀，比如說喜好或厭惡、愉快或不愉快等等，必須要有某個量尺。可是，因為使用了語言這項定性手段，因此要定量化是很困難的。儘管如此，以心理學者為中心，仍開發了上面所介紹的SD法或VAS法等定量化方法。可是，用定性的方法一來只能確認有意識時做的事情，二來其定量化的方法論，目前還有無法跨越的極限。

❸可能因問題設定（提問的文章、順序等設計）的方式使結果有所改變

人在一開始遇到難應付的提問時會陷入思考，很可能變得不想回答後續的問題。問題的數量越多，也越容易讓人厭倦。另一方面，根據誘導性提問的設計方式，回答結果也會有所不同。即使不是有意圖地誘導，也可能因為問題的順序，或是問題的用字遣詞，而產生不同結果。

這是因為大腦的「促發」（priming）、「錨定」（anchoring）等各種偏差機能發揮作用，關於「認知偏差」在第四章會更詳細地說明。比如說，被問到：「汽車、船、電車，在天空飛的是什麼？」會回答：「飛機。」可是，正確答案並不只有飛機而已。因為問題並不是「在天空飛翔的機械，或者交通工具是什麼」。只問「在天空飛的是什麼」，因此答案也可以是鴿子或烏鴉，但被問題內容給影響了，便自動聯想到機械或交

通工具。

這是一個極為單純的促發課題的範例，在製作問卷時，是否經常注意到問題當中不要含有這一類的要素呢？

❹利用問題、假說無法得知設想不到的事情

透過問卷調查或團體訪談，得不到「提問內容」以外的答案，這是當然的。問卷調查或訪談，是為了知道設計內容的人想知道的事情，用意在於「驗證假說」。因此，會根據假說來提出問題，但問題數量有限，也很難詢問假說當中所沒有的部分。

而且，使用問卷調查，表示不會回答問卷題目以外的事項。即使有自由意見欄位，想寫下的意見也很有限。若是團體訪談，受訪者除了回答問題，也很少會主動說出自己的想法或感受。

比方說舉行與香氣有關的問卷或訪談，大多數人會感覺芬芳的氣味，或許出乎意料地不是怡人的味道，而是受到與氣味相關的記憶所影響；如果聯結的是悲傷或討厭的記憶，可能就不會感覺那是種舒服的香氣。就算大家都聞到薰衣草香，對於曾看過一整片紫色薰衣草花海的人來說，或許會想起當時的回憶而覺得心曠神怡，但若告訴你那是廁

所芳香劑的味道，恐怕就不會覺得多好聞吧。在此說個閒話，最近國內有些年輕人，把「薰衣草」和「廁所芳香劑」畫上等號，不欣賞其花香。

從前例可知，要透過單純的問卷調查或訪談這種驗證假說的手段，探詢出消費者腦中真正想買、想吃、想做的「欲求」，或是美味、快樂、舒服等「感受」，將有多麼地困難。

❺受試者會視情況使用真心話或客套話

這也是一個重點：問卷調查或團體訪談的受試者，不一定會說出真心話。舉例來說，被問到：「購買商品時，重視環保性能還是價格？」相信有些人明明心裡想的是價格，還是回答：「環保性能。」也可能是自覺想做一些有助於環境的事情，以往雖然重視價格，但以後要改為重視環境保護，所以勾選環保性能的答案。

此外，有個狀況特別容易發生在團體訪談時，如果嗓門較大的人發言給予商品不良評價，並且也有人附和的話，即使自己其實認為那項商品不錯，也可能因為當下的氣氛而難以說出反對意見，甚至雖非出自本意，但也跟著附和。就算沒有大嗓門，也可能是負責鼓勵發言的訪談者未能善盡其職，訪談就草草結束了。

曾經做過團體訪談的人，必定有過類似的經驗。經常聽到的是，對於訪談者或受試者的人選必須慎重其事。可是，即使再小心地挑選，只要人的腦中有愉快或不愉快情緒，就無法避免配合當下的氣氛的這項行為。這是由一種稱為「避免認知失調」的大腦特性所引起的現象。

或許從事市場行銷的人已經聽過，所謂的「認知失調」，是指大腦同時帶著不一樣的、兩個以上自相矛盾的認知。這對腦部來說，是一種不愉快的狀態，為了去除這種不愉快情緒，會採取「不愉快情緒行動」。也就是說，改變自己的態度或行動，來減低或消除失調狀態。結合團體訪談事例，便看到人可能經常不知不覺中，視情況使用真心話或客套話。

國立資訊與傳播科技研究機構（National Institute of Information and Communications Technology, NICT）的成瀨康副室長和井原綾主任研究員使用腦波儀，以女性藝人的名字為素材，進行了名人形象的研究。在主觀（問卷）調查中，綜藝節目藝人或搞笑藝人被歸類為「有趣人物」，而美麗女演員、可愛女性藝人則理所當然地被歸類為「有女人味的」、「形象清新」的人物。可是，大腦的反應卻顯示，好感度高的女演員或女性藝人也被視為有趣人物。這是因為在主觀評價當中，我們不經意間會根據某種刻板印象

（stereotype）決定自己的答案，反而大腦才是誠實地對他人的印象做出反應。

❻由於是事後的調查，因此可能偏離事實

不論是問卷調查或是團體訪談，都是在購買行為之後或者實驗後進行的。因此，依賴當事人記憶的手段，有可能偏離事實。如果在刻意去做的行動之後，或許還會留有一定程度的記憶；但是在無意識的行動之後，被問到與此行動相關的問題，也不一定能夠回答出來。

有一種名為「盲目選擇」（choice blindness）的心理實驗。根據這項實驗，證明了即使在選擇之後立刻詢問受試者，許多人還是無法回答真正的選擇理由。人類會腦補最像的選擇理由，並且就這麼回答，但已經和選擇時的理由不同了。這是在無意識之下發生的，所以難對付。那麼，讓我們來多了解一下這個扭曲事實的大腦特性——盲目選擇。

人都先「盲目選擇」，事後才編理由

提問者左右手分別拿著不同女性的臉部相片，並且對你說：「請從當中挑選你喜歡的女性。」假設你選擇了右手邊的女性相片。之後，提問者將兩邊的相片先蓋了起來，

這次只給你看剛剛挑中的相片，再詢問你選擇這張相片的理由。於是，你一邊看著那張相片，回答說「眼睛很漂亮」、「項鍊很適合她」等等原因。

說到這裡看似沒什麼。但其實提問者是魔術師，能夠輕鬆地掉換兩張相片。提問者第二次給你看說是你剛剛挑中的相片，實際上已經被偷偷換成另一位女性的臉部相片。

你可能會認為，因為臉蛋長得不一樣，應該會馬上發現才對。可是，發現相片被暗中掉換的人大約只佔整體的三成。剩下的人完全沒有察覺到掉包之事，還敘述了喜歡的理由。於是，這七成以上的人被蒙在鼓裡，一面看著他們原本沒有挑中的女性相片，一面說明喜歡的理由。[6]

看到這裡，女性們可能會心想：「總之，男人就是這樣的生物。」但這並不只是由男性選擇女性的臉部相片才發生的現象。

還有另一個使用超市店面所進行的類似實驗。舉辦一場果醬試吃會，在兩個罐子內分別放入任兩種不同味道的果醬，並請經過的顧客試吃，接著選出自己喜歡哪一邊。然後再次請顧客試吃他所選的罐裝果醬，詢問為何覺得挑中的這款果醬比較可口。這時候，第二次試吃的果醬和一開始所選的東西不同，已經被暗中掉換了，結果整體中仍只有不到三成的人發現，其餘的人試吃著被掉包的果醬，明明味道變了卻毫無察覺，照樣分享喜歡的理由。

即使用肉桂蘋果以及微苦葡萄柚這兩種口味截然不同的果醬進行這項實驗，發現被掉包的人也僅有一半以下。另外也有利用紅茶的香味所做的相關實驗，結果也是大同小異。[7]

這是在腦科學或心理學領域中所說的「盲目選擇實驗」，顯示人的偏好是事後才產生的。這一類的實驗在腦科學和心理學的領域當中經常使用，清楚地暗示著購買後的問卷調查或訪談有多麼難做。人在後來才思考喜歡的理由，選擇時的理由未必進入意識中。因此，透過問卷調查或團體訪談所得到的購買動機，不見得與事實相符，有可能已經偏離事實。

這些實驗所顯示的是，人可能不知道自己在挑選喜好物品那一瞬間的選擇理由。此外，挑選之後，當被問到選擇理由時，雖會說明各式各樣的喜好原因、選擇原因，但那可能不一定是正確的。

相信負責問卷調查的各位，對於這項事實必定深有感受。因為做問卷調查或團體訪談時，經常在顧客購買後、挑選後詢問其理由，但問卷結果中人人滿意，等到商品推出到市場上以後，消費者的反應卻有些不同。

這就是問卷調查或團體訪談的極限。對於自己沒有帶入意識中，或是無法意識到的真正喜好或選擇理由，透過問卷調查等事後進行且以語言為基礎的主觀評價手段，是無法得知的。

那麼，該如何是好呢？答案之一就是詢問大腦。有個很有趣的實證研究：讓大約三十位青少年聆聽從未接觸過的各種獨立音樂，並以 fMRI 裝置測量在聆聽時的大腦反應。聆聽後，再以問卷詢問他們是否喜歡那些音樂。

三年後，為了知道讓青少年們聆聽的音樂究竟是否紅了，因此確認樂曲的銷售張數。當年的問卷結果和銷售張數之間看不出關連性，但 fMRI 所測量出的大腦反應，在一個對於腦部的報酬會產生反應、名為伏隔核（Nucleus accumbens, NAcc）的區域中，活動量與銷售張數之間卻是有關連的。這裡也讓我們知道問卷結果無法作為參考依據，但重要的是，大腦在無意識之間就對於感到愉快的音樂產生了反應。這個實驗暗示我們，透過問卷調查無法得知的暢銷曲預測，經由大腦測量卻可能辦到，非常地耐人尋味。

「親近性」與「新奇性」是人類生存本能

換個角度看剛剛的二選一問題，挑選女性相片、果醬或紅茶時，如果實際所選的東西與說明喜好原因的東西不同，那麼，究竟真正喜歡的是哪一個呢？關於這點，還有一個更加複雜有趣的實驗。[8]

提問者讓你交互看了兩張臉部相片，分別是A和B，這兩個人你都不認識。在讓你看過幾次之後，提問者詢問你喜歡哪一邊。當然，你會按照喜好來選擇，這裡先假設你回答了B。這些都很正常，沒有任何奇怪的地方。可是，這個實驗隱藏一個有趣的手法。

其實，你看這兩張相片的時間不是一樣長的；讓你注視B相片的時間比較長，雖然只有長一點點。也就是說，你沒有選擇喜歡的相片，你挑中的是看得比較久的那張相片。「這不可能！我是因為喜歡才選的，不是因為看得比較久就喜歡。」或許你會這樣反駁。但在這個實驗中，結果顯示人們會喜歡看得比較久的人臉，但另一方面，以風景圖等等來做相同實驗時，卻沒有發生這樣的現象。

這個現象是心理學的「新奇性」與「親近性」問題。新奇性是人類對於第一次看到的東西、稀奇的東西表示關心，想要獲得新事物的一種特性。另一方面，親近性是選擇以前就知道、親近的某物的傾向。人類為何會同時擁有新奇性與親近性呢？

首先，或許可以很容易地想像到，「親近性」是為了生存下去所需的特性、能力。

比如說，香菇中有毒菇和食用菇，「這是過去曾經吃過的香菇，沒有毒可以放心」，像這樣選擇知道的東西、曾經體驗過的東西，是生存必要的能力。如果沒有具備這項親近性，人類恐怕早就滅亡了。

另一方面，不論是果實還是鹿肉，吃完了之後，等果實再長出來可能要到明年的同樣時期，肉也需要找到下一個獵物，食物來源可能中斷。這麼一來，為了生存下去，就必須吃吃看其他新的動物、魚或果實，嘗試發現新的食物；有時候可能碰到有毒的魚，或許有人因此死亡。即使如此，倘若沒有任何人擁有挑戰新事物的特性，人類還是會走向滅亡。新奇性也一樣是人類生存下去的必要特性。

話題回到前述的實驗，對於人類臉部懷有親近性，應該是為了保存物種，因而區別對方屬於夥伴或敵人的能力更加重要。至於自然風景，因為健康人類不會整天都沒移動，而是需要探索新地點、尋找新事物，因此可能較注重其新奇性。

無論如何，這樣的**新奇性與親近性，從人類的遠祖類人猿時代開始，歷經五百萬年的演化已深深刻劃在人的大腦當中，是無法輕易改變的腦部特性**。這些腦部特性，會在人們做各種決定時不知不覺中影響判斷，其影響力非常大，怎麼也消除不了其作用。

企業拓展需要「新奇」傾向

這樣說起來，大概可以理解擅長好好地照顧既有事業的人，為何會比適合挑戰新事業的人來得多。如果所有人類都是對於挑戰新事物，也就是新奇性傾向較強烈的人，可能較不利於種族生存。以企業來說，則可能會破產。

但是像日本人力集團 Recruit 一樣，由挑戰者自己創設新公司，進而發展擴大也是可能的。對現有的企業組織來說，拆分成多個子公司應該也有價值，但新創的公司離開母公司，以獨立公司來成長、擴大的例子則少之又少。

現實中的確有子公司發展勝過母公司的知名案例，像是原為古河電器工業的子公司，以重型電機製造商起家的富士電機，其弱電部門*獨立出來，後來成為頂尖電腦企業——富士通。從富士通又分出以電腦數控工具機為主軸的發那科（FANUC）——現在是FA（Factory Automation，工廠自動化）機器的世界頂尖企業。富士通或發那科都是配合環境變化來探索新事業，再讓新事業脫離母公司另起爐灶，在各自的專精領域中發展為一流企業。還有 YAMAHA（原日本樂器製造株式會社）的二輪製造部門獨立出來，成立 YAMAHA 發動機，也是成功案例。但從整體來看，這類狀況卻微乎其微，究竟為什麼呢？

這可能是因為大部分企業不會由於追求新奇性而成立子公司，反倒是從削減成本、生產效率化的觀點進行子公司化的情況壓倒性地多。而且，時代的潮流連同集團經營、集團順服性（compliance）等等的影響，也許讓大公司內以開創新事業為目標的子公司化更加困難。

多數的子公司在成立時，並非追求新奇性，原因可能是來自母公司的管理階層多半屬於追求親近性的人，因此難以成功。形成明明是新事業，卻將母公司的風氣、規則原封不動地帶入的狀況。即使把擁有追求新奇性的人送進來，如此綁手綁腳的狀態也不能充分地去挑戰新事物。

當然，只有追求新奇性也無法讓新的子公司成功，因此可能需由同時兼具這兩種特性的人來負責設立，並由擁有追求親近性的特性的人來輔佐，或許相反的組合也能成功。

無論如何，以組織論來看，新奇性傾向強的人和親近性傾向強的人，如果非常均衡地配置在組織當中，會比只有親近性傾向的組織更有發展性。而當市場接近飽和狀態

＊弱電部門負責如電話（含總機）、網路、電視、門禁等線路規畫。

時，對於新奇性傾向強的人就有較大的需求。

此外，即使市場尚未飽和，像現今這樣變化激烈的時代，在市場上停下腳步意味著無法因應市場變化，久而久之，就會和無法應對環境變化而滅絕的物種一樣走上末路。

腦科學測量，能收集市場隱藏需求

不只企業經營，在市場行銷活動中，更需要了解「消費者的潛意識中，同時存在著新奇性與親近性，而且對選擇、決定有相當大的影響」，才能進行後續的廣告宣傳或商品開發。

一談及這部分，就經常會聽到「把腦科學或心理學用在這方面，等於欺騙消費者」的聲音。可是，現在不再是只要做出好東西就會大賣的時代。如何滿足消費者的心，也就是大腦，已經是商業的基本，沒有這種認識，單憑過去的經驗或第六感來做市場行銷或商品開發，反而浪費珍貴的資源和時間。

一般來說，問卷屬於定量調查，團體訪談是定性調查，兩者之間有互補關係，經常搭配一起使用。可是，如前面所說明的，不論哪一種都是主觀評價的手段，在本質上無法解決如何顯示無意識狀態的這項課題。

主觀評價是受試者本人思考並記述、口述當下感受的方法，屬於事後且有自覺的回答，因此可能與購買時在「無意識狀態」下的真正反應不同。此外，受試者本身也是以當場被詢問時的感覺作答，基準也可能因時因地而異。

雖然常為了進行市場調查，而做一些問卷調查或團體訪談等等，但相信各位已經理解到，如果不確實地認知這些調查手段在效果上有極限存在，就有受困於「消費者理解迷宮」的可能。

為了彌補這些調查手法無法探索潛意識的不足，可以運用如前言所介紹的，測量約十人的大腦，就能預判大多數消費者喜好、心理狀態的方法。還有，購物網站常進行的測量或實驗分析——如何讓使用者的視線容易到達某處、視線停留之處是否也產生購買興趣——這類以「大腦測量」搭配「視線軌跡」的行為科學解析法也已行之有年。活用腦部或生理訊號測量，以及行動觀察等研究方法，現在漸漸能夠理解人們在潛意識中、不知不覺做出的決策或行動，得以探索潛在的喜好。

商品曝光度影響喜好度

關於潛意識，還有更棘手的問題，那就是「為何會喜歡」的理由。有句諺語是「情人眼裡出西施」，不論對方是美是醜、是好是壞，在情人眼裡都是完美無瑕，即使是缺點都能看作優點。相信大家可以理解這感覺吧！但是，缺點真的看起來會像是優點嗎？

其實有兩個相當有趣的實驗。[9]讓受試者看兩張上面分別是不同人物的照片——為了比較照片中人物是不是鵝蛋臉，而分別凝視兩張照片差不多的時間，但實際測量凝視的時間之後，發現受測者對於自己較為喜好的長相類型，凝視照片的時間會比較長。另一個實驗則是將兩張不同長相的照片輪流給受試者看，但巧妙地讓其中一張照片的觀看時間較長，結果發現會有喜歡看得比較久的臉部相片的傾向。

從這實驗可以得知兩件事情。人在不知不覺中會比較經常看著自己喜歡的一方，並且可能會喜歡看觀看時間較長的一方。因為喜歡才看的時間長，或是因為看的時間長而喜歡，答案應該是兩者皆是。從這項實驗結果可以理解，商品、服務在宣傳時，為何要打很多廣告以增加曝光機會。此外，也知道了經常改變電視廣告的代言人或故事並不是一項聰明的策略。

像這樣了解人在無意識之下的喜好或決策，對於市場行銷或商品、服務開發來說具有相當大的意義，而在企業的營運管理上也是相同的道理。面對面的時間長或短，能影響到喜惡。總是相同的成員開公司內部會議的話，可能彼此的溝通會越來越順暢，但對於對方不自覺的好感，或許會增加不客觀判斷的可能性。

另一方面，在上司與部下的關係當中，如果和對方拉遠距離，可能在無意識之下形成厭惡的印象，變得溝通不順，而無法客觀地確實判斷。像是工作繁重時，上司和部下之間疏於交流，或是忙到忘了跟進客戶，這些狀況帶來的影響可能遠遠超過各位的想像。

大腦會盡可能地不使用能量，在短時間內完成決策。這是生物為了生存下去而具備的能力。如果缺乏無意識狀態，可能無法生存。可是，在少見糧食短缺的現代社會，有許多時候未必要當機立斷，早做定奪。在商務上來說，反而花一些工夫做決策會是比較好的。

在商務上，嘗試把無意識的決策帶入意識中，也許可以發現至今未曾注意到的部分。而大腦測量與生理測量，就是了解「消費者不經意間在思考什麼」、「何謂無意識的決策」的有效方法。

「助推」，讓人樂意改變消費行為

和客戶開會時，是否曾有過上司在桌子底下悄悄地用腳輕踹，或是輕咳兩聲來提醒你注意自己的舉止與發言呢？反過來，是否曾經為了讓部下注意不知不覺中所做的錯誤言行，而用類似方法來提醒部下呢？

像這樣不直接知會，暗中讓他人察覺並誘導方向的行為稱為「助推（nudge）」，這個單字原本的意思是為了吸引他人注意，而用手肘輕碰，有刺激、喚起記憶的意思；這也是個行為經濟學或行為科學用詞，當國家希望運用政策將人民引導至某個方向時，或是供電業者為了節省能源，而實行用戶的需求抑制、使用時間的移轉，亦即實行所謂的「需求側管理」（demandside management, DSM）時經常會活用的方法。

在英國，除了法規或財政等原本的政策以外，為了設計以行為科學為基礎的手段，因而在內閣底下成立了「助推單位」[10]。另外，美國的節能服務公司 Opower 為了推動家庭節能，因此提供顧客關於周邊住戶等整體平均和自家消費能量的比較數據。

心理學者馬斯洛（Abraham Harold Maslow）所提倡的「人類需求五層次理論」中提到──人，也就是大腦擁有附屬的欲求，希望歸屬於一個集團。當人被排斥在集團外，會感到不安，而且為了消解這分不安而有所行動。假設和整體平均比較，自家的能源使用量較多，為了改善至可以歸屬於同一個集團，大腦會做出節能的決策並付諸行動。

在非遊戲的場合活用遊戲設計的方法或架構，一邊享受樂趣一邊解決問題的「遊戲化」（gamification）也可以說是「助推」的一種。互相比較並排出順位、透過視覺化更容易理解、給予點數等報酬作為獎勵、設定位階來引發希望升級的欲求……有五花八門的方法。不論哪一個招數都是應用人在無意識之下發生的大腦反應。

說到「助推」的範疇，可能會有人感覺不大自然，但「承諾」也具有相同的力量。所謂的「承諾」，意味著責任、公約或約定等等，並非只是一種想法，而是對外明言自己會實現那份責任、公約或約定等等，公開宣布並採取行動。像是對於工作的承諾、對於公司的承諾……諸如此類，有形形色色的承諾。

雖然並非無意識而是刻意為之，但由於做出承諾，不自覺地為了實現它就會束縛自己。因此，有時候這就會成為大腦的偏差。對於承諾的意識太強烈，不知不覺中就過度拘泥於承諾，可能因此失去客觀性。承諾之所以重要，是因為讓無意識下的資訊轉化為明確的話語，並提升到意識上，而且，透過對外發表，可以增強將自己引導至某個方向的力量。對外公開宣布之後，若無法實現承諾，將會受到某些批判。不信守承諾，應該是不會受到任何誇讚的。相反地，如果履行承諾，會獲得評價，受到讚美。某些情況下還可能會升官加薪。

透過承諾這個動作，人們自己內發性地賦予「胡蘿蔔加大棒（Carrot and Stick）」機制。受到批判後大腦會感到不愉快，受到讚美則會覺得愉快；為了避免不愉快的事情，採取不愉快情緒行動，為了重複愉快的事情，採取愉快情緒行動。為了不要被大棒懲罰，做一些可以得到胡蘿蔔（獎勵）的行為。「承諾」是有意識地由自己或組織創造這種契機，能夠不知不覺地影響到「承諾」之後的腦部機能。

像這樣活用人在無意識之下的大腦反應或習性來控制人的行動，是非常有效的方法。具體的例子來說，像是在高速公路出口或隧道的地方，為了讓駕駛人減低速度，便設置跳動路面，或改變顏色、明亮度等等[11,12]；或是在經常被人非法丟棄垃圾的地方設置地藏王雕像或袖珍廟宇，從此這個地方就再也沒有人惡意傾倒垃圾。在網頁設計上也經常運用類似機制，比如說，當選項很多的時候，適當地先做好初期設定（default，預設值），大多數的人就會照著預設值來選擇。

倫理方面的問題雖然需要注意，但確實地學習活用大腦特性之類的知識，便能了解人在無意識之下的習性，可據以提升產品使用方便度，減少不必要的廣告宣傳，降低多餘的事後對策等等，可以有效率且有效果地達成目的。

不論是商務或政治，活用腦科學、心理學或行為科學這些與人相關的科學，就是成功的秘訣。在歐美國家，公司錄用在這些科學領域已有研究實績、取得博士學位的人為職員，也是非常普遍的事情。但另一方面，在日本，這些相關學系的博士卻難以找到一份工作。這當中的差異究竟是什麼？除了大學的人才培育和應用研究上有問題以外，這意味著企業輕視與人類相關的科學不是嗎？對企業來說，培育可成為戰力的準博士是當務之急。

商品研發，
從製造消費者「記憶」著手

記憶有記住的過程（process）和回想的過程。有些事情就算想記住卻總是記不住；也有些記憶覺得無關緊要，反而記得清清楚楚，想忘也忘不掉。透過了解人的記憶機制，就能更有效率地讓消費者記住商品，讓顧客記住企業品牌，或是讓上司記住你是誰。

回想得出長相，卻想不起名字之類的情況，尤其會隨著年齡漸長而增加。原本記住的商品，如果在賣場回想不出來，顧客就沒辦法購買它。那麼，要如何讓顧客想得出商品呢？

為了讓顧客回想起商品，也就是「從記憶的抽屜當中取出記憶」，正如在電腦上管理文件夾時，若沒有好好地輸入檔案名稱，就無法取出所需的資料一樣，為記憶貼上怎樣的標籤極為重要。

了解無意識之下記住、無意識之下回想起來的機制，這在商務上也具有重要的意義。我們無法讓顧客特地記住商品或品牌名稱，也沒有辦法在消費者要選購商品時，在旁邊一直呼喊，希望顧客挑中自己公司的商品。

要如何創造回想的契機？為創造契機而在店面運作的POP廣告（Point of

Purchase Advertising）等現有的方法是否真正有效？是否考慮了意義或效果才實行，還是只因為習慣而這麼做？像這樣，為了思考促銷的效果，了解記憶的構造也深具意義。

無意識進行的記憶三程序

如前面章節的敘述，人的決策和行動有九成以上都是在無意識之下做出來的。或許你已經留意到了，人類的無意識決策，以及作為其結果而產生的行動，都與記憶有極為深厚的關係。而且，稱為「記憶」的這項行為，其實也幾乎都在無意識之下運作。就像因為準備考試而死背書本，但實際上記住的內容只有些許，絕大部分的記憶都是在不知不覺中運作並累積。

你知道記憶可分為三項過程和三個種類（階段）嗎？三項過程是「編碼」、「儲存」和「檢索」。所謂的編碼就是將資訊寫入腦部；儲存就是讓腦部持續保有這份資訊；檢索就是在腦部取出某份資訊。

這和電腦儲存檔案是相同的道理。比方說，用文書處理軟體打了一篇文章，然後按下儲存檔案的圖標，進行儲存作業；這可類比為人類記憶過程中的「編碼」行為。實際上儲存於電腦的檔案，可以放入硬碟等設置在電腦中的儲存裝置，這是稱為「儲存」的過程。而後，根據需要點擊檔案名稱等標籤，可以打開已儲存的檔案，這就好比腦部記憶中「檢索」的過程。

順帶一提，腦的記憶容量據說有十七．五TB。*14現在一TB容量的硬碟大約是手掌般大小，依照錄影格式換算，可以容納八百多部兩小時長的電影。15你可能會覺得腦的記憶容量似乎相當大，但實際上和一年三百六十五天，每天透過五感進入腦部的資訊量相比，這個容量就相形見絀了。因此，大腦會自動取捨，選擇必要的資訊來記憶。

忘不了的回憶？關鍵在「情緒」刺激

記憶可以分為三個種類。以電腦來比喻的話，有暫時儲存資料的隨機存取記憶體（RAM），以及可長期儲存資料的快閃記憶體或硬碟。相當於RAM的稱為「工作記憶」（working memory）。而相當於硬碟類的則有兩種：「短期記憶」（short-term memory）和「長期記憶」（long-term memory）。

工作記憶又稱為「感覺記憶」（sensory memory），這是透過五感向腦部傳遞訊號時短暫保存的記憶；其中，視覺資訊大約停留數十秒，其他的感覺資訊則是數秒。對於腦部來說不需要的資訊，或是沒有興趣的資訊，會在之後被遺忘。

但如果是腦部想要記住的資訊，則交由稱為「海馬體」（hippocampus）的大腦部位記憶稍微更長一點的時間。這段記憶時間一般認為從數十秒到數十分鐘，平均八十分鐘左右，長則可達二至三天[16]，但似乎沒有明確固定的一段時間，這就叫作「短期記憶」，像是我們臨時需要記住一個電話號碼或姓名時所使用的記憶。

而後，當腦部判斷這是為了生存下去所需要的重要資訊，或是經由反覆記憶的行為來加強印象的話（專業用語為「複誦」〔rehearsal〕），資訊即可以穩定下來成為「長期記憶」。所謂為了生存下去所需的資訊，就是當大腦感覺不愉快，或是判斷為危險、不要靠近比較好的時候；或是反過來當大腦感覺愉快舒適，判斷為快樂、希望重複發生的時候。比方說看到朋友因為河豚毒或毒菇而死去，就算只有一次經驗，也應該不會再想吃這些東西了。相反地，砂糖的甘甜、肉的美味等等，因為與人類維持生命所需的糖分、脂肪有關連，身體需要攝取這些養分，因此就會留下「想多吃一點」或是「下次如果有

＊ Terabyte 的縮寫，一個 TB 大約等於一兆個 byte（位元組）

同樣的食物出現要再吃」的記憶。大腦感覺到「愉快」或「不愉快」的這些資訊，會比反覆想要記住的東西——例如教科書內容——記得更牢靠。

而長期記憶又可分為兩種。一種是「非陳述性記憶」，也就是無法用言語表現，但確實記得的記憶。比方說單車的騎法或游泳方法等等，經過身體反覆練習而確實記著，但很難用口頭表達，要透過說明到讓他人學會這些事情也是很困難的。常聽到的「達人技藝」就屬於這個分類。

另一種稱為「陳述性記憶」，正是可以用言語表現的記憶。比方說，八國聯軍口訣「餓的話每日熬一鷹（俄、德、法、美、日、澳、義、英）」等透過學習所記住的事物，被稱為「情景記憶」（episodic memory）。或者像是「○○的結婚典禮上，老師的致詞雖然很有趣，但有點太長了呢」這樣與事件有關的記憶也屬於情景記憶。

要從短期記憶轉移到長期記憶，如前面所說明的，有時是透過反覆學習，有時是由於腦部感受到愉快或不愉快的情緒（可以先當成情感；情緒和情感的不同將在第三章說明）才運作的。一般來說，經由學習產生的記憶因為使用頻率低，所以容易忘記；情景記憶則與帶給情緒的刺激強度有關，刺激若是強烈，這樣的記憶有時候想忘也忘不掉。

反覆學習有助於記憶，大家應該都在學生時代準備考試時經歷過了吧？可是，記憶有一種特性稱為「艾賓浩斯遺忘曲線」（The Ebbinghaus Forgetting Curve），從開始記住之後經過幾小時，其實已經忘掉大約一半了。

另一方面，經由複習會較難忘記先前學習的東西[17]。經過幾次反覆學習後，記憶的穩定度會提高；但是，當你認為「已經在短時間內反覆記憶多次，應該毫無問題」而一直沒複習時，是很危險的。適度地隔一段時間就重新複習，更能幫助記憶穩定。[18]

「艾賓浩斯遺忘曲線」是從主動記誦的實驗中產生的結論，不適用於顧客在無意識下被動記憶的狀況。特別是在商務上，一般會用訴之以情的手法，也會在電視節目的高潮即將到來之前插入廣告，不像實驗能確認僅依靠反覆學習所獲得的效果。

談點題外話，慶應義塾大學的榊博文（Hilobumi Sakaki）教授研究團隊在二〇〇七年公布的調查研究顯示，八成以上的觀眾對於在電視節目精彩處之前插入廣告，或是廣告結束後又重複出現廣告之前的同樣畫面，是感覺不愉快的。[19]

此外，根據同一項調查研究，緊要關頭之前進廣告的比例，日本是四十%，和美國（十四%）、英國（六%）比起來壓倒性地高。讓觀眾在不愉快狀態下看到的廣告，究竟有多少效果，不得而知；或許製作人是希望把廣告放在節目精彩處之前，如此觀眾不會轉台就能順便看到廣告。但如果僅以腦科學的觀點來看，當不愉快情緒發生後，為了要迴避或消解就會引發不愉快情緒行動，如此說來，打斷收視的廣告反而無法引起觀眾的喜愛吧？而且，最近有許多人都是將節目錄影下來，收看時會跳過廣告，節目本身對廣告不就沒有加分嗎？

回到正題上。各位應該都曾經有過記憶深受情緒（情感）影響的經驗。生日時第一次收到男友或女友送的禮物，這麼開心的記憶不會忘記對吧？相反地，因為捲入災害或犯罪事件當中等恐怖經驗而造成的「創傷後壓力症候群」（post traumatic stress disorder, PTSD），諸如此類都是記憶無法消除的例子。

在市場行銷上經常說，故事性或說故事的技巧很重要，這是由於比起單純地讓商品或服務醒目可見，或是不斷複誦名稱，若能與人的情緒互相聯結，更可有效讓顧客記住商品或服務。

在選舉車上大聲反覆喊著名字的候選人，可惜他應該不知道愉快情緒或不愉快情緒的相關知識。相信有的人會因為候選人總是拿著擴音器複誦名字，覺得十分嘈雜煩躁而決定不要把票投給他。這真是基於不愉快情緒所導致的不愉快行動。

順帶一提，也有將長期記憶分為儲存知識等等的「語意記憶」（semantic memory），儲存活動或回憶的「情景記憶」（episodic memory），以及儲存方法或技術等等的「程序記憶」（procedural memory）三個種類的方法。不過，語意記憶和情景記憶主要是陳述性記憶，而程序記憶則屬於非陳述性記憶。

像這樣，記憶在大腦中由「工作記憶→短期記憶→長期記憶」進行轉移時，記住的範圍也會改變。如果可以順利過渡的話，資訊會被當作記憶而長期儲存，也就是大腦覺得它重要而保存下來。為了準備考試所記住的內容，考試結束就忘得一乾二淨，或許是因為腦部判斷這些不重要。

在商務上，提升自己的記憶力固然重要，但讓對方的大腦留下記憶也十分要緊。

人類的記憶容量有限，因此為了提升記憶力，聰明地活用這些容量是很重要的。你知道為什麼念書時重在專注嗎？那是因為需要讓腦中有限的記憶容量不分配給其他事情，只使用在想要記住的內容上面。

是否能夠管控注意力，遏止不必要的資訊進入，對於記憶影響甚巨。大阪大學的苧阪滿里子（Mariko Osaka）教授研究團隊進行的實驗中，記憶成績不好的人常在不必要的資訊上花費閒工夫[20]，換言之，就是無法妥善掌控注意力。將這項研究結果解釋在商務上的話，可以知道重點是避免提供不必要資訊，以抑制注意力分散。

但也不是只有呈現商品或品牌名稱，就叫作免除不必要資訊。如前面所說明的，為了讓顧客記住商品或服務，情緒的因素是重點。太多資訊也不好，但只靠著希望顧客記憶的資訊，也無法讓對方的大腦覺得需要長期記憶。真是兩難呢！可是，這不正是商品開發或市場行銷的有趣之處，以及商機所在嗎？

建立「記憶標籤」，你的商品會是首選

我想大家在使用電腦時，應該都曾有過不知道想要的檔案放在何處，怎麼也找不到、開不了的經驗。但電腦檔案都會有個標題或儲存日期之類的資訊可當作標籤，這個標籤可以成為尋找的線索，很有幫助。人類的大腦也一樣，只要為已記憶的資訊用相關資訊做附加標籤，可以作為回想時的線索。

比方說，對於玫瑰花香的記憶會和「玫瑰」這個單字、玫瑰的花形、紅色或粉紅色等資訊聯結。香氣、形狀、顏色之類的資訊，會和玫瑰花香的資訊一起累積在腦中。聞到玫瑰花香之後，應該有人即使不用看到也能知道是玫瑰；或許有人聽到「玫瑰」這個詞，就可以回想出它的香味。

此外，知道記憶了哪些東西也是很重要的。例如「〇〇牌巧克力」，其中有商品名稱、企業名稱、包裝設計、形狀、香氣和味道等因素，這些全部都是標籤。知道哪一個

標籤容易留下記憶，或是記憶中留下了哪些標籤，這對商務來說是極為重要的部分。

因為食物很可口，所以味道就會留在記憶裡，這是草率的想法。對於記憶來說，味道是不是最重要的標籤呢？有個十分著名的實驗對此提出了質疑。

美國貝勒醫學院（Baylor College of Medicine）蒙塔古教授（Read Montague）研究團隊進行的可口可樂與百事可樂的比較實驗。[21]在這項實驗中，請受試者從分別裝了可口可樂和百事可樂的兩個素色杯子中選擇其一，並且飲用。當然，除了味道以外，受試者無從判斷自己喝的是可口可樂還是百事可樂。而在另一組，一個杯子沒有花樣，另一個杯子上則貼有類似可口可樂或是百事可樂品牌標誌的標籤，同樣請受試者選擇其中一杯來飲用。這時候其實兩個杯子內都是百事可樂，或者都是可口可樂。不過，會告訴受試者沒有花樣的杯子中是哪一個品牌的可樂。

實驗結果發現，以素色杯子進行的味覺測試，兩者的喜好人數幾乎沒有差別，但知道品牌的這一組則有更多人選擇可口可樂。而且讓支持可口可樂一派的受試者知道是哪個品牌，並測量大腦之後，發現大腦的特定部位變得活躍。

這個實驗顯示出，大腦深刻記得「可口可樂」這個品牌，從科學角度讓企業再度認識「品牌力」的重要性。但也必須要重新意識到，僅僅拿企業或商品品牌當作記憶的標籤未必有效。

以前曾有陷入窘境的政治家說出「我沒有這個記憶」，引起軒然大波，還成為流行語。但究竟是他的記憶編碼過程沒有好好完成，或是有編碼卻想不起來，這當中意義相差很遠。當推出新商品，希望顧客在商店選購時，讓他們事前知道並記得商品內容（編碼）固然重要；但若想起來的場合不對，例如在結帳付款的一瞬間才想起來（回想），即使顧客記住了商品也不會購買。對於商務來說，知道「回想」過程的原理，以及能簡單讓顧客想起來的方法，是不可缺少的。

記憶編碼和回想的概念，對於從事廣告或宣傳工作的人可能是理所當然，但仍需確實了解廣告宣傳的目的。因為記憶時有容易記得住的過程，回想時也有容易想起來的過程，知道目的才能尋找容易想起來的標籤，努力提升商品價值。

提升使用者體驗，記憶「意元」影響大

記憶是與我們日常生活極為密切的活動，了解如何訴求於人的記憶，在商務上來說是非常重要的。

比方說，當我們要記住話語或數字時，並非逐字記憶。像是蘋果，不是分別記得

「蘋」、「果」，而是將「蘋果」視為一個「小意元」（chunk）來記憶。沒有人會把「二十一世紀」拆開來，一個字一個字記憶，而是記住「二十一世紀」這個小意元。所謂的小意元，不一定是一個文字，它是含有意思的單位，是記憶的單位。根據一九五〇年代的研究，聽說到最近為止（現今仍是），人類一次可以記憶的量為「七加減二」左右的小意元。可是，在邁入二〇〇〇年代以後所進行的新研究中又發現，其實有七種特殊情況，只能記得「四加減一」左右的小意元。[22]到底是四個還是七個小意元，可能視內容而定，每個人也會有所不同，但都意味著一次無法記住很多事情。

只不過，四個或七個小意元的差別，對商品開發或市場行銷來說或許意外地重要。例如，智慧型手機的選單按鈕或網頁的選單標籤是四個或七個的情況下，在立刻選擇想選的按鈕或標籤時，**記憶可能影響行動，因而產生了完成選擇所需時間和選擇錯誤機率的差異**。就結果而論，這可能對於使用者經驗（user experience），也就是使用便利的程度、使用時的舒適性會帶來很大的影響。

像這種使用者經驗與記憶的相關研究；或是在第二次世界大戰期間，飛行員要如何正確辨識及操作戰鬥機駕駛艙中大量的儀表或開關的相關研究；以及在機場管制塔中，航空管制官是否可以沒有失誤地進行資訊處理，做出正確決策的相關研究等等，一直以來都有。這些研究也會成為對人工智慧和人類的資訊處理做比較研究的基礎。[23]

在市場行銷上情況也相同。網路購物的網頁因其製作方法，可能會有容易留下記憶、好用的網頁，以及無法讓人印象深刻、使用不便的網頁，即使銷售同樣的商品，在業績上可能就有差距。

記憶中不存在的東西，亦即不記得的東西，是不可能回想出來的。因此，如何讓顧客記住，也就是如何設置便於使用的選項，這對市場行銷或商品開發來說是重要的因素。而且這種記憶並非在有意識之下運作，這可能是最重要的部分。比方說，可以選擇智慧型手機的一個畫面上配置選單按鈕三乘以四個，並設有五個畫面；或是四乘以五個，並設有三個畫面。兩者的按鈕總數相等。說不定使用者會覺得一個畫面上有大量的按鈕比較方便。但實際上，可能是三乘以四個按鈕共五個畫面比較容易操作。

這麼一來，即使是蘋果公司（Apple）創始人，也就是創造出現今電腦或智慧型手機使用者介面的賈伯斯（Steven Paul Jobs）說「不該讓使用者按三次以上按鈕」[24]，而設置四乘以五個按鈕共三個畫面的選項，可能不知不覺地降低了使用者經驗。賈伯斯說不該按三次以上，意思大概是要徹底地考慮到無意識的易用性（usability）。因為選項太多而猶豫，人經常發生這種事情。或許是要設計人員思考如何減少選項，讓內容可以濃縮放入三個畫面中才說這些話。

實際上，不只是這種數量上的問題，顏色、形狀或命名法等等，許多因素都會影響記憶，而這些因素是好記或不好記的，對腦部來說有各自的意義存在。

例如，蘋果公司開發麥金塔電腦（Macintosh）的時候，開發出一種在畫面上移動不需要的檔案，將之放入垃圾桶圖標位置來刪除的方法，成為現今個人電腦的基本常識。將圖標設計為垃圾桶的造型，用「滑鼠拖曳」和「丟入無用檔案」的方法，就像是現實的日常生活中將垃圾丟入垃圾桶的行為一樣，是簡單易懂的操作。也就是說這項操作方法有容易記住、方便記憶的腦科學的效果，因而造成爆炸性流行，之後也成為電腦畫面上固定的經典圖標。

無論如何，光靠一時的想法或製造者的自以為是來決定機能或設計，絕不是聰明的做法。確實地了解人類的心理或腦部構造，可以效率更高且效果更好地聯結上市場行銷或商品開發，不是嗎？

這不只與智慧型手機或平板電腦之類的ＩＴ（information technology，資訊科技）設備有關，也適用於巧克力的包裝、啤酒罐的設計、商品名稱等等。製造者、銷售者訂定商品價格，又認為容易留下印象、好記的因素，不見得那麼簡單就可以留在消費者的腦海中。如同前面的例子一樣，所謂「美味」的記憶不一定是記住了味道，有可能記住的是品牌商標（logo）、電視廣告的台詞或音樂等附加標籤。關於記憶，還未完全揭開面紗，甚至可以說不了解的地方還比較多。不過，透過一直以來的腦科學研究，已經得知了許多知識，這也是事實。以科學態度繼續去探究容易記憶或容易回想的標籤為何，是非常重要的。

市場行銷或商品開發上所說的提升使用者經驗，如果以腦科學的方式來說——如何讓對方在大腦留下記憶（即「編碼」），如何創造在必要的情況下可以喚起記憶的訣竅（即「回想」），又如何進行這一連串的腦活動，同時降低腦部負擔。

基本上，要不立刻忘記而讓記憶長期固定的話，被輸入的資訊必須讓大腦感受到某種程度的愉快，並且要反覆接觸那項資訊。這樣雖非留下記憶的萬能科學方法，但是，心理或腦波實驗已證實可以影響記憶。對於許多「商對客」(Business to Consumer, B2C，電子商務模式之一）的企業來說，已經試盡了從經驗確立的市場行銷手法，但仍然無法掌握變化多端的消費者喜好；為了突破現狀，由科學角度去探索記憶，看起來雖似與目標無關，卻是成功的捷徑。

消費者「情緒」，對購買行為影響大

情緒是一個人在生活上不可缺少的一部分，「喜怒哀樂」是最慣常聽到的表示情緒的話語。受到他人稱讚或認同時，會感覺開心、喜悅。為了再次獲得誇讚，會採取能得到讚賞的行動。經由這些行為，可以建構和他人的信賴關係。

如果對方做了一些令你感覺討厭的事情，為了阻止這些行為，需要展現憤怒，進而威嚇對方。又或者當親人或友人過世時，會感到悲傷，讓他人知道你的這份悲傷，可以加深彼此之間的信賴關係。如果和對方一起度過了愉快的時光，你會想要再次見到對方，想和對方在一起。

如果我們完全沒有情緒、情感的話，無法和他人建立良好關係，無法和任何人有所關連，便必須一個人生存下去；和其他人沒有關連時，一個人對其他的動物展現憤怒，可能會讓落單者遭受圍攻。人類因為擁有情感，因此可以做為一個物種生存下來。

為了生存下去，我們試著了解與生俱來的情緒。要了解消費者或顧客，或是要理解上司或同事，同樣也不能缺少重要的關鍵——情緒。如果知道怎樣的東西可以為消費者帶來愉快與喜悅，就能提供消費者所希望的產品或服務。理解對方的情緒，也能夠和上司或同事建立良好信賴關係，打造出更好的團隊。

情緒是「溝通」的基本工具

所謂「知・情・意」是指人類心中擁有的三項要素——認知、情感和意志。而表達情感／情緒的話語當中，最為代表性的就是「喜怒哀樂」，但人類的情緒並非單純地只有這四種。

迪士尼／皮克斯動畫電影《腦筋急轉彎》（*Inside Out*），便是以少女腦袋中所發生的事情與心情變化為主題。故事描述從鄉下搬到都會的十一歲少女萊莉，因為歷經環境變化產生了心情上的轉變，而為了讓萊莉幸福，她腦中的五個情緒擬人化角色——樂樂（Joy，喜悅）、怒怒（Anger，憤怒）、厭厭（Disgust，厭煩）、驚驚（Fear，恐懼）、憂憂（憂愁，Sadness）會發生各式各樣的混亂與衝突。[25][26][27]在現實中，五種情緒各自有不同的職責——

喜悅：讓心情感覺開心快樂。

憤怒：生氣時，讓怒氣爆發出來。

厭煩：拒絕討厭或感覺不舒服的事物。

恐懼：保護自身安全，不受危險或恐怖侵襲。

憂愁：感覺悲傷時會出現；學界尚不清楚其職責與功能。

動畫中這五個角色為了守護少女而發揮各自的職責，這就像將我們的心——也就是腦中所產生的情緒變化——用動畫呈現出來一樣。重要的是，這些情緒守護著少女。換句話說，**如果沒有情緒，我們就無法保護自己。**

實際上，人的情緒並非成語或動畫所呈現的那樣單純，人有各式各樣的情緒，無意識之中會分別使用這些情緒。比如說，雖都稱為憤怒，但有因為敵意所產生的憤怒，也有因為忌妒所產生的憤怒。或者雖沒有敵意，但也有因為輕蔑對方所感到的憤怒。因為足球等運動比賽輸了所感受到的悔恨和憤怒是不同的；聽音樂感到的快樂，也與看搞笑橋段覺得有趣的那種快樂是不盡相同的。

可是，為何人會喜悅、憤怒、悲傷或開心呢？話說回來，「喜怒哀樂」這種情感，只有人類才有嗎？動物也有「喜怒哀樂」嗎？或許無法說動物也擁有「喜怒哀樂」，但牠們確實擁有情緒。可能養過寵物的人可以理解這一點。對於他人甚至是動物，我們能從對方的表情或動作來感受、猜測對方的情緒。看到他人喜悅，我們也會開心或感覺安心。另一方面，當對方憤怒生氣時，我們會抱持警戒，或是感到不安。

譬如狗為了威嚇對方，會齜牙裂嘴地發生低沉的叫聲，此時的情緒即使我們不是狗也可以理解。相反地，當我們責備狗的時候，狗也會知道主人現在正在生氣。情緒是溝通的基本工具，是人類或動物在生存上所不可或缺的，如果說這個世界上只剩下自己一個人的話，也許就不需要「喜怒哀樂」等的情緒，或者是展現這些情緒的表情了。

巧妙的「選擇流程」，讓顧客高興買單

在商務上，情緒與選擇極有關連，你知道為何開發 iPhone 的時候，史提夫・賈伯斯會說「不該讓使用者按三次以上按鈕」嗎？按三次以上按鈕，也就是至少需要進行三次畫面的選擇。

選擇這項行為，除了有可以選擇的「權利」以外，同時也伴隨著選擇的「責任」。完全沒有選項的狀態時，人會感到不滿，因為人會追求更好或是更符合自己喜好的事物。另一方面，如果選項很多，人卻又會猶豫不知道應該選擇哪一個，這是因為進行選擇的是自己，選擇之後的結果會影響到自己。

美國第三十五屆總統約翰・甘迺迪（John F. Kennedy）在一九六二年所提倡的消費者四大權利，其中一項是「可以選擇的權利」。這是指人有權以自我意志，從可以滿足的品質、並且以具競爭力的價格所提供的產品或服務當中進行選擇。「選擇」是消費者的權利，也是消費者的希望。

順帶一提，國際消費者機構（Consumers International）[28]將這項消費者權利訂定為「八大權利」及「五大義務」[29]，並反映在各國的消費者保護政策上，也明確地記載在日本的消費者基本法上頭。

可以自主選擇的價值不只與商品或服務有關，也深深地影響到人的熱忱與精力。在玉川大學松元健二（Kenji Matsumoto）教授研究團隊所進行的研究中，可以自己自由選擇的情況，與在他人強制下選擇的情況比較起來，前者讓人較有幹勁。[30]也就是說，自我決定感具有促進幹勁的效果，實際上成功率也會因此提升。此外，若是自我選擇之後產生失敗時，比較不會將這份失敗過於視為負面結果。

這項研究顯示出可以進行選擇的重要性，並且上司在工作上避免一味地逼迫，讓部下可以進行選擇的這個過程是相當重要的；換言之，部下有沒有幹勁，關鍵在於上司是否提供了恰當的選項給予選擇。

另一方面，在可以選擇的權利以外，同時伴隨著選擇的責任。這是指國際消費者機構訂定的五大義務之一，也就是消費者對於廠商所提供的產品或服務品質，有責任要抱持適當的懷疑。這一點其實不需要思考得太複雜。因為當消費者在自己的意思下進行選擇並付出金額之後，便需要自己確認所選擇的產品或服務究竟是好還是壞。

當然，在市場上流通的產品或服務有一定以上的品質，所以如果選擇的結果符合自己的期望，就會感到安心；但如果沒有達到自己預期的水準，感覺自己選擇失敗或後悔時，即使是消費者本身所做的選擇，可能還是會因為憤怒而貶低所選擇的產品或服務。

這裡重要的是，情緒會深深地影響到選擇的這項行為。**有選項也就是代表自己的自由度獲得認同，會讓人處於愉快的狀態。**購物之所以開心，是因為有挑選的過程，人們會樂於選擇的行為；如此說來，選項應該是越多越好。

的確，當我們只是單純逛逛的話，看見越多種不同的東西，就越能感到有趣、愉快。特別對很多的女性來說，應該是很開心的時光。從猿人時代以後，人類經過五百萬年的進化，大約在一萬年前進入農耕社會，在農耕前的狩獵採集時代中，男性負責狩獵，女性則負責採集果實或野菜等等。有一種說法指出，這時候女性必須仔細地注意果實是否已經成熟，或者是否適合食用，因此選擇的機會比男性來得多，這項行為已經深刻地刻劃入女性腦中。[31]當然，這是誰都無法檢證的事情，但世上普遍來說似乎都有女性比男性還喜歡購物的傾向，因此選擇的這項行為，女性可能比起男性更加來得慎重，並且也不感覺麻煩。

只是單純地閒逛，而不產生購買行為的話，這段逛街時光通常很開心。但如果是想要「買東西」，也就是會發生「支付金錢」的行為的話，那狀況就不一樣了。

付錢這項行為意味著「失去」自己所擁有的東西，這不是一種令人愉快的狀態。對於作為付錢的回饋所得到的產品或服務，如果滿足度可以高於這樣不愉快的狀態，那可能不會有問題，但無法保證一定可以達到。是否可以獲得滿足，必須在購買後才能知道。如此一來，選擇的過程可能變得痛苦。當選項越多，特別是對於那項產品或服務沒有專業知識時，人會不知道該拿什麼作為基準來選擇，而開始感到不安或覺得焦躁。

行動心理學上所說的「迴避決定法則」，就是將人的這項特性普遍化並加以解釋。當選項太多，人會無法進行決策而出現避免進行決定的習性，這也稱作「維持現狀法則」，也就是當選項太多太廣時，人會選擇與平常相同的事物。

在這一部分，前面所敘述的記憶機制會產生影響。腦一次可以記憶的小意元大約是四個，因此當選項有四個以上時，因為沒辦法妥善地記憶，有可能無法在腦中順利進行比較。

美國哥倫比亞大學的西納・艾恩加博士（Sheena Iyengar）研究團隊和德國知名汽車製造品牌所共同進行的研究中，以準備買車的消費者為對象，提供內裝顏色或車體顏色等選項很多的方案，以及就像齒輪規格一樣、選項十分少的方案，讓一個受試組從選項多的方案開始選擇，另一個受試組則從選項少的方案開始選擇。結果，從選項多方案開始挑選的組別，滿意度比從選項少方案開始選擇的組別還來得低。[32]

一開始選項過多的話會疲於選擇，並且不一定能做出最適當選擇；但如果一開始選項少點，逐漸增多的話，這過程中會習慣選擇的行為，並且也變得能夠具體想像喜歡的車款，因此艾恩加博士推測：選項由少變多的方式，比較可以減少人的猶豫。

透過選擇的權利讓人維持在愉快的狀態，不會因為選擇的責任而讓人陷入不快，是提升大腦滿意度時相當重要的關鍵。

人的本能是維持「愉快情感起伏」

我們人類所感受到的情緒，其源頭是「情感起伏」。不用專業術語的話，大致可說是身體因為「外在環境」或「身體內部」變化所產生的無意識反應，例如因為溫度或飢餓等人體內外的改變，而出現「愉快情感起伏」或「不快情感起伏」。大腦意識到情感起伏後，就出現能用言語形容的「情緒」。重要的是，這一連串反應與感受都發生在潛意識層面，由大腦逕自視需要向身體發出行動指令。

愉快情感起伏有愛、滿足和快感等等；不快情感起伏則有悲傷、不安或敵意等等。當愉快情感起伏發生時，人會無意識地產生行動想要維持這種狀態，或是接近這樣的狀態；這是大腦結構所致使的，這樣的行動稱為「愉快情感起伏行動」。相反地，當不快情感起伏產生，潛意識中會想要攻擊、消除這種狀態，或者是從這種狀態中逃走，這就稱為「不快情感起伏行動」。

為何人的大腦會具備情感起伏的機能呢？這是為了要生存下去。比如人若不會感受到恐懼，即使在高樓大廈的屋頂上，身上沒有繫上繩索等安全設備，或許也能毫不在意地跨過護欄，但卻可能因此而喪失性命。實際上，也有人因為感受恐懼的大腦部位受到損傷，而無法感受到恐懼，就這樣放任不管將會遭遇種種危險狀況。

吃到好吃的東西，人會感覺愉快。因為感受到美味、開心，會產生「想再吃一次」的愉快情感起伏行動。如果說覺得吃東西這件事情並不快樂，或無法從吃東西這個行為獲得滿足，人就不會想要進食，結果便會餓死。

相反地，如果覺得難吃，會感覺不快；看到有人吃了腐敗的食物或毒菇而生病或是因此死去，會感到痛苦或不安……而產生不快情感起伏行動，讓自己再也不要吃到那樣的食物。並且，大腦會將這種情感起伏意識為「情緒」，進行記憶的強化，更加容易引起這項情感起伏反應。

情感起伏，無意識影響記憶與判斷

愉快情感起伏和不快情感起伏大大地左右了進食的這項行為。會感受到空腹感，是因為身體渴望取得能成為活動能源的能量。如果不能讓空腹獲得滿足，會感覺煩躁，動作也會變得遲鈍。這是「空腹」這項「身體狀態變化」所產生的不快情感起伏，進而引起的不快情感起伏行動。並且，為了遠離空腹感，也就是填飽肚子，則會採取「進食」行動。因此，吃東西等於是讓肚子獲得飽足感，進而產生愉快情感起伏。常聽到「享用美食是至高無上的幸福」這類說法，這是因為吃東西可以延伸到愉快情感起伏，因為這樣的連鎖反應，讓人總是不小心就吃太多。

而這樣的情感起伏所產生的結果，讓人類在漫長的歷史中，演化成具備可以選擇、取捨能吃或不能吃食物，或者好吃或不好吃食物的能力，因此人類這個物種至今仍可以生存下來。

特別是脂肪、糖分或鹽分等成為肥胖或高血壓原因的物質，原本對於人類的生存是不可或缺的成分。因此，為了生存人們會獵捕動物、採集果實，在食物還不豐足的狩獵採集時代，大腦為了盡可能地在體內儲存脂肪、糖分和鹽分，而活用了情感起伏。「飽食時代」這個名詞，則是近數十年的事情。所以說，僅僅數十年的時間還不夠讓歷經了數十萬年才形成的人腦架構發生變化，大腦在無意識之下還是會想要盡可能地儲存脂肪、糖分和鹽分，是一點也不奇怪的事情。

又比如說，不論是誰被誇獎都會覺得開心，如果上司經常誇獎自己，便會頻繁地去向他報告工作；小朋友若是受到老師稱讚，也會為了再次被讚美而認真地完成功課。這是因為「受到稱讚」的這項「環境變化」，所引起的愉快情感起伏，結果為了再次創造出同樣的狀況，而引起愉快情感起伏行動。

相反地，被上司責備自己的失誤則會產生不安或敵意等不快情感起伏，為了脫離這樣的狀態，會惱羞成怒威嚇對方或是沉默等待，希望這段時間趕快結束，採取一些不快情感起伏行動。

如果各位是市場行銷人員、業務、銷售人員或設計開發者——也就是負責提供顧客產品或服務的人，將需要思考如何引發顧客的愉快情感起伏，進而連結到愉快情感起伏行動；同時，怎麼做不會讓對方產生不快情感起伏反應，以免對方採取不快情感起伏行動，從愉快與不快兩方面來思考是很重要的。

特別是不引起無意識之下的不快情感起伏，進而避免不快情感起伏行動這一項貼心考慮，是很容易被遺漏的，因此非常地重要。這是因為一旦引起不快情感起伏，在記憶中留下「不購買」的決策以及行動後，潛意識會想去避免購買該項商品或服務。並且，如同第一章所說明的一樣，要透過問卷調查找出這種潛意識中的不快情感起伏，是相當困難的。

比如說，服裝不整會帶給對方不好的印象，這個時候接待顧客是從負分的狀態開始。或者說好不容易一點一滴存了零用錢所買的智慧型手機，包裝是看起來很廉價的紙盒，或許在真正開始接觸商品之前，就會從負面的狀態來為這支手機打分數。比起從零分的狀態開始接觸這個產品，從負分開始的話，或許會更加強烈感受到原本可能不會察覺的缺點。將顧客真正接觸到產品或服務之前的這段過程，也納入市場行銷時的考慮，能夠降低引發顧客不快情感起伏的可能性。

顧客為產品或服務付出金錢的這項行為，是因為顧客希望可以讓大腦感覺滿足。因此，各位要讓顧客的大腦引發愉快情感起伏而非不快情感起伏，這一點是很重要的。

操控「報酬期望值」，決定行銷成敗

人們買東西的時候，理所當然地會對所買的東西抱持期待。如果對於自己付錢所買的東西，滿意度高於購買前的期待值，這時候就會產生更大的愉快情感起伏。另一方面，如果比期待值來得低，愉快情感起伏應該就不會多大了。

運用廣告來宣傳新商品，增加顧客對商品的期待，但實際上購買之後，覺得商品並沒有特別之處，或是不如預期，想再次購買的意願就不會出現。也就是說，不只是無法引起愉快情感起伏，反而造成了不快情感起伏。與所預測的期待值之間的誤差，便會往負面的方向去了。

反之，原本不大期待，但購買之後超乎預料地滿意，這時候滿意度會大幅超越事前的期待值，讓人想再次購買。這麼一來，你可能認為不要事先提高期待值會是比較聰明的策略，但如果本身期待值就低的話，基本上顧客並不會拿起商品，也就根本不會成為購買的對象。

此外，比如說食品或飲料，覺得肚子餓或飽，或是渴不渴，本身就會因當下顧客的狀態而有不同，因此期待值也有所不同。而購物時錢包裡有多少錢，可能也會讓期待值有所不同。

像這樣，對於所得到的東西（報酬），期待值的高低會因人而異。即使是同一個人，期待值也不會總是相同。在這樣的狀況下，要如何讓對於報酬的「期待值」與對於結果的「滿足度」之間的差異——「報酬預測誤差」——更大，就是重點所在。

說到這裡，從事市場行銷的人可能會想這不正是「人物行銷」（persona marketing）或「行銷腳本」（marketing scenario）嗎？

沒錯。在人物行銷中，將象徵目標市場的參考使用者設定為「人物」（persona），配合這個人的特徵、行動來開發商品或構思行銷方案。此即針對這個人物，找出讓報酬預測誤差拉到最大的方法。

如大家所知，「persona」的原意是「面具」，在心理學用語上是指人類對外的面相（對於周圍的適應狀況）。**不論是誰，為了適應周圍環境，多少都會戴上一些面具，並且會因為個性而大大左右這個面具的呈現**。在市場行銷上設定人物時，比如說住在都市的三十五歲單身女性，注重時尚與健康……等等，經常看到這種設定，但重要的是內在的真正性格，那才是最為左右購買行動的人物本質。

行銷腳本也是相同的。因為是推測目標對象會有什麼樣的行動來撰寫行銷腳本，也就是如何拉大腦袋中的報酬預測誤差，且是考量大腦的學習效果所進行的預測。

活用最新的神經影像技術來研究腦部活動圖像，可獲得許多與購買決策有關的知識，也可以清楚了解人類形成習慣或嗜好時的大腦運作模型。當中，美國加州工業大學蘭格教授（A. Rangel）的研究團隊，在綜合檢視眾多腦科學論文後彙整出的模型[33]，應該是目前最能簡潔說明「決策到購買行動」其間運作的理論，我想這在商務上十分具有值得參考的地方，以下將簡單地說明（參照圖1）。

腦科學揭開「購物決策黑箱」

人腦隨時會參考天氣、溫度等自然環境條件，或是用餐時間、與顧客見面等外在環境所賦予的各種資訊，或是感覺肚子餓、腳痛等身體內部的各項資訊，因應當下狀況作出對於腦部最好的決策。結果大腦就會做出各種行動命令，像是走路、進食或開會等身體行動。

購買東西的時候，當然會經由與此相同的腦部運轉，而進行購買東西的決策，並向肌肉作出行動命令，成為身體行動展現出來。

圖 1 經濟活動決策模型

蘭格教授團隊歸納出的模型，是活用最新神經影像技術，深入探究人類的嗜好形成或購買決策，所得到的研究成果。

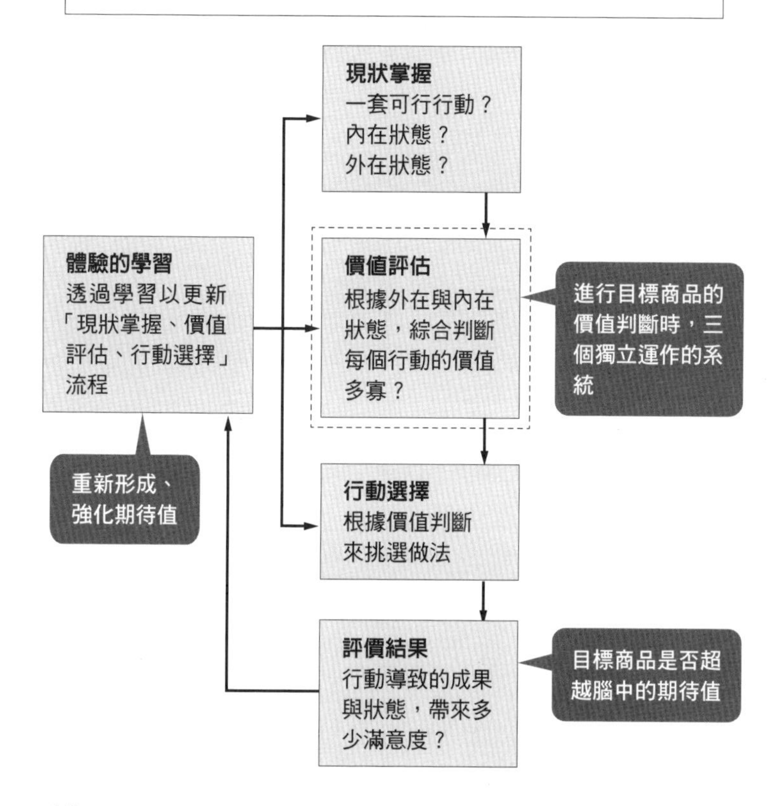

出處：A. Rangel, C. Camarar and R.Montague, "A framework for studying the neurobiology of value-based decision making", *Nature Reviews Neuroscience*, 2008, 9: pp.545-556.
（筆者參考本論文中刊載的說明並製圖）

以上的過程，「掌握現狀」成為行動起點。假設在便利商店買東西——正好是中午時間，肚子也餓了，再加上外面天氣很熱，因此想喝點冰涼的飲料。這時候身體外的環境條件和身體內的變化，會引起空腹感或口渴的感覺，又剛好發現便利商店，並且決定到裡面看看。

腦並非是無意識地做出所有的指令，而是經由讓人有所意識，促使可以順暢地進行去便利商店的這項行動。這時候可能有好幾間便利商店，或是也有速食店或餐廳，要從其中進行選擇，不過在這裡先簡化，選項就設定為只有眼前的便利商店。

便利商店裡面有許多的食品和飲料。這時候，腦中開始思考要選擇哪項商品，這就是「價值評估」。也就是針對目標商品來進行價值判斷。這時候，腦中應該有三種系統在運轉，詳細稍後說明。

根據這個價值判斷，進行商品挑選，並產生拿起商品的行動，這是「行動選擇」的階段。這時候，如果成為選項的商品種類很多，彼此之間價值沒有太大差異的話，為了選擇出價值更高的商品，需要花費更多的作業時間。

吃下所選擇的商品，感覺「很好吃」或「味道普通」的過程，就是「評價結果」。對於所選擇商品的期待值越大，品嘗之後的結果若比期待值來得低，就會覺得這個商品不好吃，但如果比期待值高的話，當然就會認為這項商品很美味。

並且，如果感覺非常美味，就會想到「下次也要買這個商品」，也就是所說的「上癮」。如果覺得味道普通，那可能會覺得「再買一次也可以」。如果比原本想得還要「難吃」，也就是說比期待值還低，對於金錢付出的這項行為無法獲得滿足感，反而感受到損失，相信就不會想再買一次同樣的商品了。

現在這個時代，在商店販賣的商品，幾乎沒有難吃的東西，如此一來，若商品比期待值稍微來得低，就可能讓顧客產生極大的損失感。果然，追求美味這件事，是能延伸到創造回客率的重要課題。像這樣經由「評價結果」的過程，重新進行價值觀或期待值的形成與強化，就是「經由體驗學習」。

所謂的「厭倦」，某種角度來說就是報酬預測誤差越來越小，獲得的結果開始感覺低於期待值。因此，如何讓顧客不感覺厭倦，就是勝負關鍵。

這種時候，當然不讓人厭倦的美味很重要，但要在怎樣的時機點，讓顧客形成怎樣的期待值，則至為關鍵。販賣商品時，要讓商品成為長紅人氣商品，並不只是依靠食品本身的味道而已，也不是單靠包裝、設計、行銷方案或廣告就能做到的。需要研究部門、商品開發部門、市場行銷部門和營業部門的負責人員成為一個團隊，將這些要素有策略性地打造出腳本，並加以實踐。

經常聽到由品牌經理人領導各部門的專業菁英來組成團隊的重要性，從大腦的運作模式來思考的話，或許這是非常理所當然的事情。

商品要暢銷？先了解「價值評估系統」

剛剛提到買東西時，關於大腦的決策過程，有三種「評估價值」，這裡就來一一解說。當然也可以分得更為精細，但大致分類的這三種獨立系統，實際上可以同時運作，進行價值的評估。另外，這些系統的運作方法或影響當然會因狀況或因人而異。

第一種是「巴夫洛夫型系統」。如果餵狗吃飼料時，總是讓牠聽到鈴聲，之後狗一聽到鈴聲，就會開始分泌唾液，這就是所謂的巴夫洛夫的條件反射，相信很多人都曾聽過這類例子。與此相同，巴夫洛夫型系統指的就是行動之後，在沒有意識下反射產生結果。雖然大多出現在與生俱來的事物上，但也有經由學習而來的例子。將盛裝在盤子內的食物全部吃光，或是看到酸梅就開始分泌大量口水，都是巴夫洛夫型系統的典型反應。

食品、飲料之類感覺含有脂肪、鹽分或糖分的食物很美味，總是不小心就吃進這些食物，這也是巴夫洛夫型系統所造成的影響。

如果攝取過多的脂肪、鹽分或糖分，會導致肥胖或生活習慣病，因此這些成分現在被視為敵人，但如同前面所描述的，原本這些成分是人類生存上所不可或缺的。因此，人們會積極地想要吸收積蓄這些成分，並且在攝取之後會產生愉快情感起伏，進而引起想要攝取更多的實際行動。

第二種是「習慣型系統」。這是某種透過學習而形成習慣性運作的系統。由於需要不斷嘗試並從失敗中學習，因此比起巴夫洛夫型，習慣型會需要更多時間。

像是每天早上開始工作前會想要喝咖啡、吃飽後會想來根菸、運動後要來杯冰涼的啤酒等等。一般來說，不論咖啡、啤酒或香菸，相信很多人在第一次嘗試時都會感覺「味道怎麼這麼糟」吧。要養成這些習慣，需要花費時間。然而一旦成為習慣之後，如果不進行這些行為，可能會覺得焦躁不安。

這些習慣化的過程，和第八章說明的「多巴胺」有極大關係。咖啡因、酒精或尼古丁等，比起其他物質可以透過化學反應讓大腦分泌更多的多巴胺，因此容易讓人變成習慣。當然，即使並未含有這些化學物質，可以習慣化的事物有很多，比如說有人早餐一定會吃麵包和牛奶，有些人則喜歡白飯配味噌湯。

習慣化之後，雖然報酬預測誤差比較小，但由於親近性提高，因此容易因為改變而產生不安或異樣感等不快情感起伏。比如說，每天早上習慣吃麵包的人，某天餐桌上突然擺了白飯，應該會覺得奇怪，也就是產生了不快情感起伏。

棒球選手鈴木一朗在比賽的日子，早上一定會吃咖哩飯，每天進行同樣的訓練，並且已經持續十年以上，這是許多人都曾聽過的事情。[34]這項行為，也正是為了不要產生不快情感起伏，以免在比賽時感到異樣。

可以很簡單地說這是一流人物所講究堅持的地方。但如果是專業的商務人士，要如何準備出容易引起顧客愉快情感起伏的狀況，又能避免不快情感起伏，連一些細微末節的地方都仔細考慮是非常重要的。

第三種則是「目的指向型系統」。這是超越行動當下所產生的結果，是意識著某個目的所運轉的系統。前面的兩項系統是以腦部低階功能為主的系統，是在瞬間內所運轉；目的指向型系統則是以腦中主要掌控理性的部位為中心的系統，較前面兩項需要更多的時間進行決策。

具體的例子如為了健康每天攝取保健食品；為了減肥而吃卡路里低的食物，或是開始慢跑等等。這是最容易發生不快情感起伏及相應行動的類型。人會在潛意識中避免不好吃的食物或痛苦的事情，要消去這份不快情感起伏，並非以引起強烈的愉快情感起伏來解決，而是建立起即使小小的、少少的也沒關係，能夠每天產生達成感這種愉快情感起伏的架構。

這樣的連續情感起伏會連結到習慣型系統。為了養成習慣，建立起每天記錄，或是有時候一個鼓勵、問候的郵件或電話，有這樣協助本人的架構，會更加有效。不論如何，只要有個架構多少可以持續減輕不快情感起伏，目的指向型系統便能發揮很好的作用。

身為製作、銷售商品的一方，在製作商品時，像這樣確認對於這幾種消費者的價值評估系統，能應對到何種程度，或許是不錯的。消費者的需求時時刻刻都在變化，可以說消費者所尋求的就是符合這三種價值評估系統的商品。

拿可口可樂來舉例說明。可口可樂發售時，應該是定位於要滿足與生俱來的欲求，當然會重視味道這一個要素。同時，由於裝在瓶子內，可以很輕鬆地飲用，因此也可以應對習慣型需求。從玻璃瓶改為罐裝之後，重量更為減輕，更加方便，也更容易在自動販賣機銷售。

而瓶蓋可以關緊的寶特瓶出現，使得不論何時何地都能以便宜的價格飲用到可樂，這就更容易培養起習慣。順帶一提，可以用十杯的價錢喝到十一杯咖啡的咖啡券，也是「促進習慣化」的一種方式。

對現在的消費者來說，美味已經變成理所當然的事情；而且在便利商店或自動販賣機就可以輕易買到商品，也不需考量易得性，因而進一步希望從食品或飲料的消費行為中追求健康。因此，現在流行的零卡路里、低脂可樂，就是提供給注重健康的人能夠飲用的美味可樂。

今後，消費者所希望、需要的是，廠商可以提供消費者自己本身也沒有察覺，或是可以協助消費者達成潛意識裡所設定目標的商品，並且經由這些商品能夠真正滿足消費者的需求。

而消費者所沒有察覺到的目標，或是消費者雖有所意識但還未尋求的商品，又或者該如何接近消費者未期待的目標，就是今後的發展重點。就像無酒精啤酒這項商品即是相同的方向。

這裡所說的目標，當然不只是健康走向而已。高級品牌、安全、自我實現、社會貢獻或溝通交流等等，有許多不同的目標。如何尋找大腦在潛意識之下所預想的目標，在當中放入商品，喚起對於這項目標的意識，就是重要關鍵。

像這樣，腦中的三大價值評估系統會大大地影響購物時的大腦決策。當然，這些系統會因人、狀況而產生不同的運作方法。可是**共通的是，人氣商品或長紅商品都能夠成功刺激多數人大腦中的這三種價值評估系統。**

無意識「認知偏差」，影響有意識決策

人腦中積蓄著大量資訊，大腦為了迅速應對外部環境或身體變化，並做出最妥當的決策，需要活用這些資訊。

大腦具備兩種決策系統，其一是由直覺與潛意識層面所進行的「系統I」（system I），雖然這種決策系統速度很快，但較缺乏正確性。其二是先產生意識再經過思考所得到的決策，被稱為「系統II」（system II），這得花上一些時間，但比起系統I的決策，具有較高的客觀性與合理性，同時準確度也好上許多。

人類的大腦會自動選擇兩種系統之一來進行決策，然而在決策時並非總能客觀公平地處理腦中所有資訊，或能充分地與外部資訊進行比較。在有限的時間內，大腦只會抽取出「條件符合問題所需」的有限資訊來進行比較。

這樣的有限資訊，不見得包含客觀上的必要資訊，倒有可能是限定且有偏頗的資訊。根據偏頗資訊做決策的狀況，就稱為「認知偏差」（cognitive bias）。大腦會因應各種情況，而產生許多不同種類的認知偏差。

認知偏差有時候會成為錯誤決策的原因。因此，確認自己、部下或消費者的決策，是否有認知偏差產生作用是非常重要的。

「捷思」使決策快速，也造成認知偏差

大腦的決策速度是最重要的。無論動物或人類，大腦瞬間決策的能力優劣，將能左右生命的存續。我們或動物能夠察覺危險並立刻逃跑，是因為腦中存有危險的相關資訊，在透過視覺、聽覺等感官獲得訊息後，瞬間與腦中的危險資料庫進行比較然後決策。

但也有另一種決策方式，比如說企業要進行是否投資新事業的重大經營判斷時，先要分析並活用各種資料，最後慎重做出決定；這樣當然要花費不少時間。雖然也常聽到商場要「速戰速決」的說法，但當大腦判斷這是個重要決策時，最少也會花費數秒的時間，有時候甚至會等個幾天再做決定。

像是瞬間判斷「危險，快逃！」，多半屬於潛意識、沒有自覺的決策，速度很快但缺少客觀性，這稱為「系統Ｉ」。另一方面，像投資新事業這樣經過深思熟慮的決定，需要花費一定時間，但有充分的客觀與合理性，而且準確度高；這稱為「系統Ⅱ」。大腦會自動選擇用直覺（系統Ｉ），或用理論（系統Ⅱ）來進行決策。

可是我要特別提出兩項重點。第一，大腦是在我們無知無覺的狀況下，「擅自」決定要使用直覺或理論；它並不會和主人商量而是自行判斷，也就是說，大腦在潛意識層

級決定採用哪個系統。

第二，即使採行系統Ⅱ的決策，也不一定能客觀且公平地處理所有的資訊後，再進行比較與判斷。為了要不偏不倚地判斷事物，理應盡可能地多多比較各種資訊，但極可能無法在瞬間做決定，導致無法避免危險。這種情況時，大腦會在有限的時間內，判斷此為需要應對的問題之後，抽取出「符合條件的有限資訊」來進行比較。像這樣為了在極為短暫的時間內用直覺決定，而根據經驗取用腦中特定資訊的判斷方式，在心理學上稱為「捷思法」（heuristics）。

根據捷思法，大腦可以迅速地進行決策，但有時候也會因為「認知偏差」的影響，而誘導出錯誤的結果。

此外，有時候即使知道認知偏差會產生影響，但影響仍然強烈到無法去除。比如知名的「慕勒－萊爾錯覺」（Müller-Lyer illusion）。請看圖2，箭頭向內的線條（B），看起來是不是比箭頭向外的線條（A）還要長呢？但實際上，這兩條線是一樣長的。

可能許多人看過這個題目，也知道答案；有趣的是，即使知道「長度一樣」，還是會覺得箭頭向內的線條看起來比較長。發生錯視或錯聽——也就是所謂的「錯覺」之後，即使知道答案也無法消除。認知偏差也和錯覺相同，是在潛意識中發揮作用，無法

圖 2 慕勒－萊爾錯覺

哪一條線看起來比較長呢？

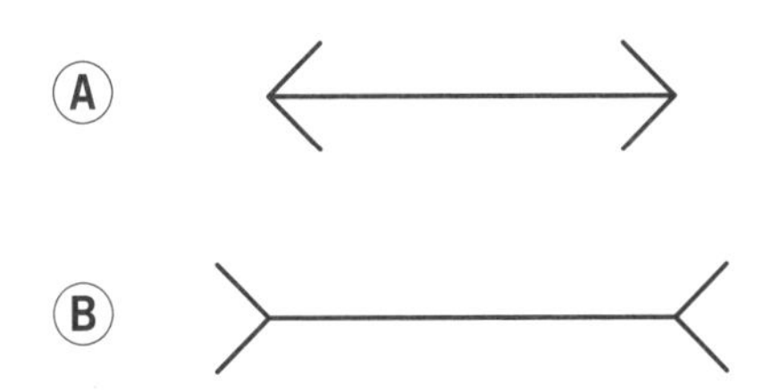

出處：《腦科學改變商業》（萩原一平著，日本經濟新聞出版社，2013 年）

簡單地去除。

雖然有時候可能會聽到「那個人的意見有認知偏差」或是「那個人看待事情的方法有偏見」的說法，但人在進行決策時，不論本人是否有所察覺，許多時候都是帶有一些偏頗的。並且，想靠自己的意志去除這些偏頗是非常困難的事情。進行決策的人應該要充分理解這個重點。

自己容易產生何種認知偏差、什麼時候容易有所偏頗——如此理解並記憶自己的思考習慣，而後在進行重大決定時，回想這些習慣與偏好，是非常有意義的。接下來列出大腦經常使用的幾種捷思法，並舉例說明。

❶可得性捷思法（availability heuristic）

優先根據日常事物等容易回想的項目，亦即大腦容易搜尋到的事項進行決策。像是「根據過往經驗做判斷」，即使外在環境條件完全不同，大腦也會無視這個部分，只因為過去有這樣做的成功經驗，而做出同樣判斷，結果導致失敗。例如企業看到其他公司的成功事例，便無視於兩間公司的本質不同，只是一味模仿對方的做法，經常可以看到這種例子。

❷代表性捷思法（representative heuristic）

對於特定領域中的典型代表事物，會給與過高評價，並據以進行決策。比如說，堅信所謂的「市場區隔」（market segmentation），結果變成無法找出具有新特色的新市場。此外，以成功的海外企業為基準，未加深思文化、市場和國民性的不同，而過度看重對方企業內部的重要指標，也是此類實例。

❸固定性捷思法（anchoring and adjustment）

指的是以最初接收到的資訊為基準，重視其特徵，判斷時即以此為起點並加以調整。比如說，重視最初的問卷調查結果，之後的決策持續受到這項結果影響，沒想到遲遲無法獲得解決方案。或者像是一開始思考的方向若是「不增加業績，公司就無法成長」，就會變得只是一直實施促進業績的對策，而忘了增加利益也是成長。本項捷思亦稱為「錨定與調整法則」。

判斷失誤代價一兆！十二項常見決策偏差

人類常會像前面的例子一樣，無意識地採用某種事物當基準，或是太過重視某些東西，因而在腦中形成「框架」，結果做出受到認知偏差影響、談不上合理的錯誤決策。在市場行銷、新商品開發或新事業投資等各式各樣的決策場合，都可能發生受偏差影響的狀況。

心理學與腦科學都在研究人類的各種認知偏差。比如說腦科學實驗已經證明「種族偏見」（racial prejudice）的存在，即使自己並不覺得如此。其他像是性別、職業，都會在腦中形成各式各樣的認知偏差。這些偏差的根源則在於人類的「情緒」。回想上一章所提，當透過雙眼進入腦中的資訊屬於不安或危險資訊時，大腦會產生「不快情感起伏」，而為了遠離或消除這類情緒，則會不自覺地採取不快情感起伏行動，例如逃避、威嚇等等。

這麼說來，大腦在潛意識中做的判斷，我們無法察覺也無從改變，是否也因此逃脫不了認知偏差的影響呢？結論是肯定的，卻也是「否定的」。

各位讀者可能會覺得奇怪，既然在潛意識中無法改變，怎麼又說可能避開認知偏差的影響呢？其實，認知偏差並非與生俱來，反而絕大多數是由經驗產生；換言之，只要擁有消除認知偏差的經驗，就能擺脫其影響。當然，要說每項偏差都能解除就太誇張了，但至少能比較不受影響。

比如說，你的部下提出開發新項目的企畫，但他的簡報資料內容不佳，未能確實傳達資訊，結果上層判斷進行的時機還太早，而延後該商品的開發，沒想到卻被其他公司給超前。如果把這個「失敗決策」直接歸咎於部下所做的資料，就會忽視另一個可能性——是自己未能仔細判讀資料，並從中看出該企畫的發展性——而產生「無法相信部下呈報資料」的認知偏差。

當然，提升部下製作資料的能力也同樣非常重要；但確實地分析被對手企業超前的原因、詳細了解有哪些資訊不足、該怎麼做才能在當時決定執行該企畫……如此思考之後，相信你不會只歸咎於部下的資料製作能力。並且，對於部下所做的資料該從什麼角度做確認、該如何評價哪個部份的重要資訊不足等等，你的大腦都會變得可以更加客觀地進行決策。

諾貝爾經濟學獎得主丹尼爾・康納曼（Daniel Kahneman），其獲獎研究正是關於人類在進行經濟決策時，會受哪些認知偏差影響，他舉出十二項經營者應該要留意的認知偏差，並說明如何去除。[35]在接下來的說明中，除了引用康納曼的見解，亦加入筆者的解釋或例證說明，因此部分說法與參考文獻略有不同。

❶利己偏差（self-serving bias）

「提案者可能隱含私利或私慾。」比如通過這項企畫後，提案者能以領導者之姿大展身手，或是有獎金增加、升遷等好處；這種含有私利的提案缺乏客觀性，是相當危險的。但要看出是否有這項偏差，並非簡單之事，畢竟沒人會在企畫書中寫著「企畫案通過的話請讓我升遷」。

特別是向董事長報告的時候，可能是由主管而非製作企畫書的職員進行簡報，董事長可能不清楚製作這份資料的人是誰。因此，領導者若要判斷是否有利己偏差，平日應該要確實地理解每一位成員的個性或熱忱程度。

❷情感投入捷思法（affect heuristic）

「提案者太過投入自己的提議。」不論是誰都會覺得自己的提案最優秀，若非最佳想法當然不會提出。如此肯定自我確實有需要，但如果太過沉浸其中而失去中立性，過分強調提案的優點而忽視缺點，就會成為問題。決策者要能有條理地詰問提案的利弊得失，擁有此項能力非常重要。

❸團體迷思（groupthink）

「發表能獲得其他團體成員支持的意見。」當小組或團隊合作時，若有必須決定事項的場合，是否會採用多數決，或是易受強調自我意見的人所影響呢？各位是否覺得領導者所說的話就是絕對，反正領導者會負責一切，跟我沒關係呢？

「就算是紅燈，只要大家一起走過去就不可怕。」為了避免集體衝向錯誤決定的可能性，要確定——團體內是否有反對意見；是否進行客觀討論；有權力、表現力強的成員，其意見是否成為全體意見；決策過程是否客觀——如此可減輕這項危機。

做為一個領導者，不可無視沒有發言的人，或者忽略沒有主張自我的成員，而是應該努力引導出每位成員的意見或想法，並確實地確認大家贊成某個結論的理由。

當高階主管會議退回新事業提案，理由是「時機未到」時，是否發生了團體迷思呢？若等到所有成員都投贊成票才開始新事業，很可能已失去先機。所有人都贊成或一致反對的時候，都可能是團體迷思的影響，這是新事業或新商品開發的最大敵人。

有研究推測日本人在遺傳基因上，比起歐美人更容易強烈感到不安，因此較傾向避免風險、不願被他人討厭，所以團體迷思在日本是更大的危機。

另外，也可能發生「錯誤共識效應」（false consensus effect）——自認為意見或喜好與多數人相同；這除了發生在團體內部，也會出現在團體外部。

在團體中，自己的意見或想法與大部分成員都相同，因此認為反對者很奇怪；但在現實中又是如何？即使沒有說出反對意見，應該仍有不贊同的人，或著有人表面點頭，但內心想的是不同意見；缺乏溝通的團體就容易出現這種誤解現象。俗話說的「以和為貴」，日本聖德太子想藉此表達的意思是「經過公正議論之後的和諧」，而非未經過討論的同意。

同樣地，這個迷思讓我們自以為所屬團體的決策或結論，都和其他團體相同、是普世認同的想法、考量並沒有錯……然而，其他人的意見或決定，卻很可能完全不同。在開發新商品或新事業時，極需避免這種迷思，不要一味認定自己的想法與多數消費者、顧客企業的嗜好或想法相同，自認為沒有誤解。

越少有機會和外部團體溝通交流，越容易發生這種現象。總是只和自己公司內的人員討論，易誤會其他公司或顧客的思路與自己相同，誤以為自己的思考一定是正確的。

自己的常識、公司的常識或業界中的常識，於外界可能不是常識。一般常說和外部的溝通交流十分重要，除了獲取資訊，也是為了自己不要落入「非常識」的範疇。

❹顯著性偏差（saliency bias）

「只注意到醒目的事物。」不論是誰，都會注意明顯的部分。例如找出過去的成功案例，舉出類似的部分來支持本身提案的正當性。因為成功是種醒目事物，人們會受此影響而做出決策。但在判斷前，需要先確認哪些部分與過去案例相同，又有哪些不同；至少過去和現在的環境條件絕對不會一樣，應該要仔細確認是否有遺漏、檢查不夠詳盡的地方。這項認知偏差與前面說明的「可得性捷思法」類似。

❺證據偏差（confirmation Bias）

「以先入為主的觀念做判斷。」我們會收集對自己有利的資訊作為證據，以強化自己的意見或提議，藏在潛意識裡的「先入為主」偏差會影響決策時的客觀性。很多時候，抵達終點、達成目標的方案不會只有一種，但大腦若受到先入為主所影響，便會執著於單一做法，看不見尚有其他方式存在；而且還會尋找證據，證明該做法的正確，以此為證據來主張自己的提案或判斷的正當性。

面對自己所主張提案的替代方案時，必須確認是否客觀進行檢討，再做決策。

❻可得性偏差（availability bias）

「依賴容易獲得的資訊進行決策。」在討論提案時，經常會忽略未被具體提出的內容，誤以為並不存在除此之外的資訊。當然，沒有接收到、沒有看到的資訊也無法利用在決策上。為了避免這種危險發生，必須確認除了最初認為必要的資料，是否還有其他重要資料，以及是否能夠收集。

大多數時候，讓人注意到的資訊都會受到仔細評估。可怕的是，外面還有我們想像不到的資訊。「大數據分析」（big data analytics）正是著眼於這類為人忽略的資訊，從中發現可能性。

隨著人工智慧更加發達，大數據分析技術繼續進化，可利用的資訊量會飛躍性增加。客觀地解析、活用大量資料，即可降低這種偏差。

❼錨定偏差（anchoring bias）

「無法擺脫最早取得資訊（錨點）的影響。」這和固定性捷思法相同。先前輸入腦中並記得的資訊，傳達速度較快，因此，容易受到該項資訊的影響。

特別是人有時無法抵抗數字。比如說，分別請兩組人隨意推測「9×8×7×……×1」和「1×2×3×……×9」是多少時，這兩個問題的答案明明相同，但第一個數字為9的那組，所回答的數字大很多。[36]原因在於最初出現的數字大小，也就是大腦先接收到的資訊，會影響思考產生認知偏差。

就像打折的道理一樣，明明只比一千元便宜兩元，但標價成九九八元的商品就會賣得比較好。〇．八公克和八百毫克明明重量相同，是否感覺後者比較大呢？這則是被小數點影響了。

數字會帶來具體的印象，但另一方面也容易成為認知偏差的工具。簡單來說，人容易受到數字影響。特別是統計數字，如果懂得操縱其背景解讀條件，有可能造成判斷錯誤。單純地比較數字大小，是非常有風險的。

❽光環效應（halo effect）

「用美化眼光去看待某項事物。」比如說某項能力優秀的人，感覺其他能力也優於他人；曾經參與某項成功計畫的人，執行其他計畫也一定成功……這些都是被顯著的特色影響，而產生對其他部分的評價偏差。

舉例來說，環境條件或規模明明完全不同，但因為參與這次計畫的成員當中，有帶領其他計畫成功的經理人，就一廂情願認為這次也可以順利進行。但實際上，成功的背後有著許多失敗，能夠毫無失敗經驗、一路成功的人並不常見吧？

❾沉沒成本謬誤（sunk cost fallacy）與秉賦效應（endowment effect）

「只要曾經擁有，就要天長地久。」人對於擁有過的東西（即使來自他人贈與也一樣），或是曾經花費過金錢的東西，執著心會越來越強烈，就算遇到損失也遲遲無法放手。這是容易發生在股票、外匯或新事業投資的認知偏差，更是最容易影響企業判斷的認知偏差之一，有可能成為錯過撤出市場良機的原因。

比如投資股票或外匯時，如果股價或外匯價格比購買時還低，脫手一定會造成損失，因此總忍不住會期望「說不定哪天價格又會上漲」，而遲遲無法賣出。然而，現實狀況卻是價格越來越低，因為錯失脫手先機，反而造成更大的損失。是否有過這種經驗呢？

經營新事業時也很類似。環境明明已經改變，持續該事業只會離收支平衡甚至有所收益的目標越來越遙遠，卻還一心想著「已經投資這麼多了，這時候停手損失很大」，遲遲無法決定中止。另一種狀況則是為了收回過去的投資，因此把商品價格設定成高於市場價格，以求消除累積虧損，結果因為太貴而無法獲得市場的良好評價。用累積的製造費來決定售價時，就容易發生這類錯誤。

受到過去的投資或延續下來的資產成本所禁錮，而基於無關於未來業績或成本的「過去支出」，做出繼續投資的判斷，像這樣的狀況稱為「沉沒成本謬誤」或「秉賦效應」。最有名的實例，莫過於協和客機的開發與謝幕。

六〇年代，世界各國互相競爭超音速客機的研發，而英國和法國則賭上國家威信，共同進行「協和客機」開發。實際上的確能達到超音速，但出現了油耗差、飛行距離短，而必須在中途加油的問題，因此協和客機不適合長距離的國際航線。再者，超音速會產生巨大的噪音與震波，為機場和周邊環境帶來很大的影響。此外，還需要超長距離的跑道，使得可以起飛與著陸的機場有限……種種技術問題一一浮現。

還有，燃料費開始逐年高漲，以及一般人也流行起海外旅行等等，都讓航空公司必須削減每位乘客的平均搭乘費用。但是協和客機的最大搭乘人數只有一百人，無法適應時代帶來的變化，也成為經營上的負面影響。

但是，由於英法兩國無法讓高達一兆日圓的巨額開發費用白白浪費，最終還是在一九七六年正式啟航，然而赤字卻不斷攀升；以商業的角度來說，這很明顯地是個失敗的計畫。不過直到二〇〇三月十月，最後一班協和客機飛抵倫敦希斯羅機場，才為其長達二十七年的飛航生涯畫下句點。由於有這項例子，執著於過去投資花費，而做出錯誤判斷的狀況，亦稱為「協和客機謬誤」或「協和客機效應」。

像這樣規模龐大的案件可能是少數，但平常開發新商品或投資新事業時，是否更加謹慎思考比較好呢？

❿過度自信（overconfidence）、**規畫謬誤**（planning fallacy）、**輕視對手**（competition neglect）、**樂觀偏差**（optimism bias）

整體來說，都算是「過度自信」。大多數提案者對預測的數字抱持樂觀看法，認為自己的想法或計畫都沒錯，而不經意地忽視不利的證據；或是潛意識裡認為倘若預估結果不樂觀，將面臨企畫不被認同的壓力，而不自覺地做出樂觀預測。

為了客觀評估，越來越需要可以總覽全局的環境或手法。例如開發新商品或新事業的每個階段所進行的研發會議、試作品會議或量產導入會議等等，原本正是為了確認預估結果是否準確而召開。然而，參與者既可能❿無意識地過度自信，更因為落入❸團體迷思，而一起做出錯誤的決策。

也就是說，各種認知偏差可能在各種場合帶來交叉影響，因此需要經常確認自己所做的決策是否產生認知偏差，也要檢查組織的重要決策是否受到認知偏差的影響。

⓫對於最壞情況的準備（pessimism bias）

對於風險的看法因人而異，一旦產生像❿一樣過度自信、樂觀的認知偏差，會過低預估風險。當然，樂觀或悲觀的人所預想的最壞情況可能有點不同，經營者或領導者需要預測最壞情況的風險狀況，並且與成員共同確認所預想的風險是否為最糟糕的情況，並討論相關應對方法；特別是樂觀的人應該要傾聽謹慎的人有怎樣的看法與意見。

必須注意的是，對於原本預估的風險，還要推測其發生頻率高低，以及這些風險發生時要如何應對；也就是說，是否做好應對這些問題的準備。

在偶像團體AKB48的流行歌「Beginner」中，歌詞大致提到：過去的經驗或知識只會成為負擔，不要受到過往失敗的禁錮而害怕挑戰，害怕風險的話，無法成為獨當一面的大人——這些鼓勵年輕人的歌詞，不正是告訴大家別受認知偏差影響，要仔細地評估風險嗎？

通常來說，即使你在工作上遇到重大挫折，通常也不致於危及性命；頂多導致兩三年或更久一點難以提升薪資，又或是升遷晚一點。再說，最近越來越多人領不到退休年金，只好在退休年齡後仍持續工作以維持生活，這樣一算，受年輕時的失敗所影響的時間真的不算很長，其實只佔整體人生職涯的一點點而已。

而且現在的日本企業也不再採用年功序列制度——在此制度下，若被貼上失敗的標籤，就無法再獲得機會——要是你現在還遇到這種公司，比起忍耐著適應環境，不如早一點離開去挑戰新的事物，或許要有趣得多。

話說回來，「辭職」這項決策，也存在著許多認知偏差。做之前請先確定自己沒有過度自信，是否掌握可能發生的最大風險情況，以及如何應對等等。

風險管理是很重要的。因此，請確實地理解本項認知偏差再繼續。所謂的風險管理，就是對於風險做好準備；而避免風險則是朝目標前進時避開可能發生的危險，絕非因為害怕風險而不付諸行動。

就像剛剛AKB48的歌詞一樣，因為害怕風險而停下腳步，決不是風險管理也不是風險迴避。預估最糟糕的情況，做好相關準備是必要的；但世界正不斷進步，其他公司也不斷前進，因此你若踟躕不前就等同後退。請不要忘了做好最壞情況的準備，是為了前進、為了不斷地迎接挑戰。

⓬損失迴避（loss aversion）

「人類的大腦在進行伴隨風險的決策時，想要迴避損失的想法會勝過想要增加利益的心情。」因為會想到失敗時的責任而刪除風險高的選項，多數的企業正是因此失去商機。關於這部分在後續的「展望理論」（prospect theory）會進行詳細說明。

就像在⓫所說明的，管理、迴避風險雖然是必要的，但並非等同於放棄挑戰、停下腳步。特別是日本人的遺傳基因較容易覺得不安，和歐美國家比起來，容易傾向迴避風險。當企業在進行國際競爭時，如果只有日本企業迴避風險，相信也因此會失去許多機會。

✣ ✣ ✣

從前面所列的十二項認知偏差及解說中可以看到，認知偏差會因為各種外在或內在的要因而發生，也和「愉快／不快情感起伏」有所關係。此外，認知偏差之所以會是問題，是因為本人不會意識到自己正受其影響。

二〇〇六年的電影《穿著Prada的惡魔》（*The Devil Wears Prada*），為我們示範了由情緒導致的決策偏差。

這部電影由梅莉．史翠普（Meryl Streep）和安．海瑟威（Anne Hathaway）主演，她們一位扮演時尚女強人，瀟灑地在出人頭地的道路上不斷前進，身為時尚雜誌總編輯而受到時尚界尊崇，同時也是個魔鬼上司；另一位則是原本夢想成為記者，以往和時尚絲毫沾不上邊，但為了生活而成為總編輯秘書，拼命地做牛做馬。

如果要詳細說明劇情，篇幅會變得很長，有興趣的人可以直接看電影了解一下。但我想介紹的是，演出秘書角色的安．海瑟威，在受到梅莉．史翠普扮演的惡魔上司逼迫，經常得要犧牲個人生活，滿足上司大大小小的需求時，她經常說「我沒辦法」、「我沒有其他選擇」、「因為那個人是業界的傳奇呀」；而聽到這些講法的戀人、朋友，有時候甚至是總編輯本人，則會回答「做出選擇的是你」或「決定的是你」，類似的場景出現了好幾次。

這些場景的潛臺詞是，只要秘書真心反對還是可以拒絕，但因為她的潛意識中可能害怕被開除、引起對方生氣或被當作傻瓜，因而選擇了「服從」；重點在於，無論是拒絕或服從，做決策的人仍是秘書本身。換句話說，當人們面臨需要作出決策的場合時，會受到情感起伏影響而左右決策。

就像第三章所說明的，愉快與不快情感起伏分別會引起「愉快情感起伏行動」或「不快情感起伏行動」。有時候我們可以察覺到這些情感起伏帶來何種情緒，但是要從「察覺」提升到實際「調整」決策和行動的層面，需要非常了解自己的決策受到哪些情感起伏的影響，當中又容易隱藏了何種偏差。特別是關於上司和部下、員工和顧客的往來應對等等，凡是會深刻影響人際關係的決策場合中，冷靜進行這樣的分析，都相當重要。

為了將藏在潛意識中的認知偏差影響降到最低，而能做出適當決策，需要有個類似「確認表格」的架構，經常有意識地評估、檢查各式各樣的偏差。可是，唯有能夠抽離主觀、從第三者角度觀察和評估的人，才能發揮這種架構的作用，大多數人不見得能夠順利使用這個方式。

經營者的潛意識層級裡，也難免存在著類似的擅自決策機制，所以需要透過外部董事或顧問委員會等架構，由「第三者」在沒有利害關係的角度下客觀地進行評估。此外，由於企業經營決策的範圍非常廣泛，也要視情況在成員中加入擁有相關知識、且沒有利害關係的人才。

而在尋找外部董事或顧問時，如果周圍的人總是贊成、聽從自己的意見，你絕對不能感到滿足；這是誤解了「以和為貴」的真正意義。能夠做到「經過公正議論之後的和」，才是經營者需要的人才；也就是說，經營者身邊不該只有懂得附和的人。

看了前面的解說，或許有許多經營者或管理階層會覺得：「我早就知道只靠直覺來做決策很危險，因此很重視外部的顧問或資料，作者你給我的這些建議毫無用處。」只是，你所依靠的顧問，真的沒問題嗎？你所重視的資料，真的分析正確嗎？

當然，你會以高薪聘請專業信譽良好的顧問提供意見，或是付出高額費用尋找擁有良好口碑的外部人士分析龐大資料，這樣應該沒有認知偏差的問題吧？但實際上，你個人的認知偏差，並非存在這些第三者身上，而是存在進行決策的「你」的腦中；認知偏差的問題仍未解決。

大腦偏好優越感，「自信偏差」最難改正

個人經驗、文化、外在環境……許多心理要因，都可能導致認知偏差，無法歸納出一個單純的因素並加以解說。前面說明的十二種偏差，只是一小部分而已，其他像「後見之明偏差」（hindsight bias）、「烏比岡湖效應（Lake Wobegon effect）」……等等，還有許多常見的認知偏差。

所謂「後見之明」，是原本明明對某件事不太有把握，但該狀況發生後，立刻覺得「我果然是對的」，好像自己事先準確預測到這件事情。凡是聽到「我本來就認為應該會變成這樣」、「所以我不是跟你說了嗎」、「我一開始就覺得會變這樣了呢」等說法，都反映出具有這項偏差。

另外常見的「烏比岡湖效應」，也稱為「過度自信效應」（Overconfidence effect），顧名思義就是認為自己的能力在平均之上。比如說，大家是否覺得自己開車的技術比大多數人高明呢？是否覺得自己所做的努力比其他人多呢？是否覺得自己負責的工作總是比別人還多？

這種效應的產生，是因為與外人相比並感覺自己較為優秀時，會產生愉快情感起伏，而在腦中建立起報酬迴路。效應大小因男女而異，一般認為男性比較容易過度自

信；此外，根據周圍環境所引發的方式也有所不同。

基於這類認知偏差，人們傾向認為成功因素在於自己，但失敗的話就是他人或環境的問題。當然，事業有成大部分是基於個人的才能或努力；可是，一起幫忙的夥伴、在背後支持的上司、行政管理人員，或是信賴你的顧客等等，你的身邊或多或少一定有些助力。也可能有貴人偶然得知你正在進行的計畫，而在你不知情的狀況下給與關切與幫忙；又或是市場景氣走向、技術進展等環境條件正好樣樣具備，助你成功執行計畫等等。

相反地，失敗的時候則會歸咎於景氣不好、市場還不成熟、上司判斷錯誤、業務不夠努力、設計不好……總之傾向將問題推給他人或環境，積極地尋求自己以外的失敗理由。有點類似康納曼介紹的「自利偏差」。

關於各種認知偏差的產生要因，有許多不同論點，但基本上與大腦結構有關——大腦偏好愉快情感，想要盡量避免不快。如果進入大腦的資訊屬於愉快資訊（愉快情感起伏），則大腦迴路會為了持續這項情感起伏而運作。例如認為「成功」是屬於「自己的成功」，滿足自尊心並感到舒適愉悅。此外，像是受到別人誇獎、被認同為優秀人才時感受到的喜悅，也都屬於愉快情感，為了持續這項情感起伏，會開始發生偏差。

相反地，如果是關於不快的資訊（不快情感起伏），則會想辦法將之消除，而進行不快情感起伏行動。因此會從外部尋求導致自己失敗的理由，讓自尊心不要太受傷害。此外，為了不受他人批判，而羅列出許多自己以外的失敗原因，或是反過來攻擊批判自己的人，都是為了迴避、消除不快情感起伏。或像是被上司指出問題或責備而「惱羞成怒」，也是一種不快情感起伏行動。大腦為了解除不快情感，也會開始產生偏差。

高估自己，低估他人或環境的影響，這類偏差就藏在你的潛意識中。還有很多狀況都可能造成各種不同的偏差，特別是你有著強烈的欲求或熱情時，更容易上了偏差的鉤而難以脫身。

了解「認知失調」，可開發新市場

心理學或認知科學都探討一個現象：「認知失調」（cognitive dissonance）。這是指兩種認知相互矛盾的狀態，或是因此所發生的不安感（不快情感起伏）；大腦為了解除認知失調的狀態，會試圖改變其中一項認知。也就是說，大腦為了消除不快情感起伏，而在潛意識中讓偏差開始運作。

比如說，自己一直主導某項計畫的推行，但假設這項計畫很明顯地無法成功，若承認這一點就意味著自己一路來的努力都是錯誤與失敗，所以硬是找出很多理由來主張成功的可能性，陷入了因為偏差而喪失客觀性的狀態。

再舉個稍微不同的例子。想像正在減肥時，有美味的蛋糕端到你的眼前，這時候腦中同時具有想要減肥瘦身的意願，和想要品嚐美味蛋糕的渴望，然而兩個願望卻是相互矛盾的。如果旁邊的人告訴你，這是很美味但熱量很低，吃了也不會變胖的蛋糕，相信你應該抵抗不了蛋糕的誘惑吧！

又或是很在意鬆弛的肚子，想做仰臥起坐鍛練結實的腹肌，但每天做三十下實在很辛苦，持續三個月後感覺實在難以持續。這時候如果讓你知道有種保健食品，只要吃了就能消除腹部的脂肪，你是不是會……

像低熱量食品或減肥產品，可說是消除認知失調的代表性商品。生活中充滿了各式各樣的制約或規定——做了會感到不快卻一定得這麼做——因為有著種種束縛而產生越來越多的壓力，因此我相信消除認知失調的市場會更加成長。

得失選擇不理性？「展望理論」能解釋

在日常生活或商務上最頻繁發生的偏差，可能就是與「得失」相關的偏差了。我們增加對於得失偏差的認知，可以獲得更加富足的生活，或是事業的成功。

活用腦科學與心理學，針對得失偏差所進行的科學研究，榮獲二〇〇二年諾貝爾經濟學獎，兩位得主是前面介紹過的丹尼爾・康納曼和阿摩司・特沃斯基（Amos Tversky），他們建立的「展望理論」[37]可證明人們面對損益得失時會出現的不合理決策或價值觀。如果了解這項理論的話，一定可以在商務上發揮作用。

康納曼與特沃斯基發現，在具有不確定性的狀況中，決定人們滿足度的要素並非所獲得的財富絕對量，而是變化量；可歸納出以下兩項重要特徵——

❶比起獲得，人在失去時的反應更為強烈（損失迴避性）。

❷人在做負向選擇時，會有追求風險的傾向；進行正向選擇時，則偏向迴避風險。

其中第❶項說的是，比起賺錢的話題，人對「損失、賠錢」更為敏感——比起撿到一千元的喜悅，掉了一千元的喪失感更為強烈；比起獲得十萬元的滿足感，損失十萬元時的不愉快更加強烈。凡是現有的經濟基礎變少了，不論程度多寡，不安感都會增加。想像自己遺失一千元或十萬元，應該非常可以理解這些感覺。

第❷項則是說，人在獲取利益的時候，會盡可能地採取沒有風險、保證能獲得的方式；而感覺要損失的時候，即使冒險，也會試圖盡量降低損失。

關於第❷項，康納德與其團隊進行了非常容易理解的實驗。他們對受試者提供兩種情境，每個情況各有兩個選項，請受試者從中選擇一項——

【情況1】在獲利的情境，你會選擇下列哪一項呢？

Ⓐ確實可以獲得八萬元。

Ⓑ有八十五％機率可獲得十萬元，但有十五％機率什麼也拿不到。

【情況2】在損失的情境，你會選擇下列哪一項呢？

Ⓐ一定會損失八萬元。

Ⓑ有八十五％機率損失十萬元，但有十五％機率什麼也不會損失。

在康納德的實驗中，獲得利益的情況下，多數人選擇Ⓐ；而損失的情況中，則多數的人選擇Ⓑ。你又是怎麼選的呢？

前述兩種情境，除了獲得或損失，其他條件都相同。若以數學理論計算，選擇完全相反的選項才合理。可是現實當中，在可能獲取利益的情況下，人會迴避風險，選擇保證能賺錢的選項；在損失的情況下，則是即使冒著較高風險，也會採取盡可能不要造成損失的行動。

康納德與其團隊進一步認為，不論獲得或損失，越是遠離自己本來的價值基準（參考點），對於些微價值變化的差異感受會越小。例如說，得到一萬元或得到一萬一千元，若和得到一百萬元或一百萬一千元比起來，一般人會覺得前者的差異比較大。

又或是說，錢包裡只有一千元時，獲得一百元所感受到的價值，與錢包裡有十萬元時，獲得一百元所感受到的價值比起來，兩者差距會非常大。相反地，當負債十萬元變成負債十一萬元時，會很明顯地感到債務增加了，然而從負債一百萬元變成負債一百零一萬元，則會覺得沒什麼差別。圖3正是說明這些關係的圖表。

得失相關偏差會在各種場合出現。假設付出一千元買了某項商品，這項行為等於失去一千元；如果找不出高於這份損失感的價值，則無法得到滿足感。例如在餐廳享用價值一千元的料理，如果還比不上家裡隨便做的菜，就會覺得不滿足；另外，餐廳內的氣氛、等候時間或店員的應對等等，很多要素都關係到滿足感的提升。

又或是支付三萬元所購得的最新智慧型手機，萬一買來不久就故障，雖然口中說

圖 3 展望理論

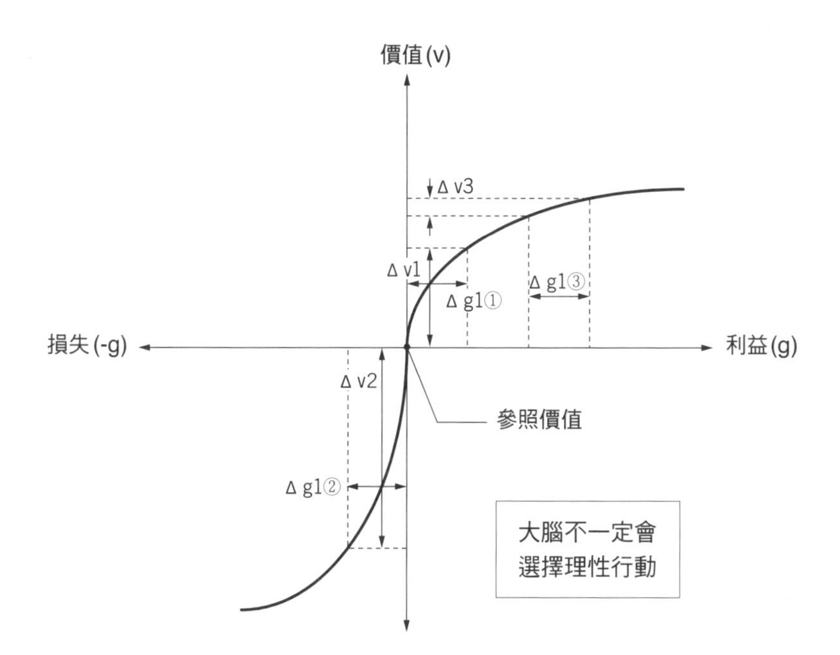

◆**損失迴避性**： 即使同樣是一百元（Δg1），獲得一百元（Δg1 ①）和損失一百元（Δg1 ②）相比，損失時的損失感（Δv2）會比獲得時的滿足感（Δv1）還大。

◆**敏感度遞減**： 不論是獲得或損失，越是遠離自身的參考點，對於微小價值變化的感受會越小。即使同樣是一百元（Δg1），在貼近基準價值的層級上獲得一百元時（Δg1 ①），和已經獲得高於基準價值很多的利益後，又多獲得一百元（Δg1 ③）相比； 前者（Δg1 ①）帶來的滿足感（Δv1）增長，會比後者（Δg1 ③）的滿足感（Δv3）還大。

出處：參考《行動經濟學入門》（多田洋介著，日本經濟新聞社，2003 年），筆者製圖著：「這可是花了我三萬元呢！」但損失感恐怕不只如此，而要填補這份損失感，恐怕有些困難。

但是，送修手機時，店員的應對非常迅速、仔細且貼心，或是可在短時間內修理完成的話，應該多少能補償一點損失感。而視服務的情況，店員還有可能獲得顧客的信賴，讓顧客感受到高於損失的滿足感。正如前言所提，「讓顧客的大腦滿意，就是企業存續的關鍵。」無論如何都要盡力讓顧客獲得滿足感，反之讓顧客感覺到損失的話，那就沒戲唱了。

「信念偏差」，左右商談成敗

當談判交涉遇上困難甚至決裂時，我們可以推測是劇烈受到認知偏差影響。換言之，消解偏差是把談判交涉導向成功的秘訣，只要了解對方現在產生何種偏差，或自己目前陷入的偏差，而將這些偏差解除就可以了。

偏差的發生，許多時候是由於自己或對方所得知的資訊都受到了限制。經常聽到有人表示要「毫不隱藏地說真話」或「打開天窗說亮話」，就是希望彼此將所知的資訊都展現出來，消除雙方的偏差要素再來好好交談。

但是在這類交涉、討論的場合，另有非常棘手的認知偏差存在，那就是因為信念或原則所造成的偏差。擁有這類中心思想本身並不是問題，這是成功的必要條件。只是，中心思想越堅強，越容易因此產生偏差，而傾向否定違反自身中心思想的事物；也就是說，大腦會試圖消除「認知失調」。而且這種偏差可能非常強烈，強烈到無法輕易消除。

比如說「技術職人」或「事務達人」等實際負責且擅長技術或商品開發的人士，很容易認為自己所做的都是優秀商品（中心思想），所以一定會熱賣；這是基於對自身技術的絕對自信，而錯以為技術等於市場的需求。

再以經營企業常接觸的「數據」為例，對於會計或主管來說，數字是很重要的，也因此很容易陷入是赤字還是黑字、成本多少等「數字至上」的主義中，而忽略了盈虧背後的重要原因、將來成長的可能性、品質良莠等其他要項。無可諱言地，無論技術或數字都相當重要，只不過兩者都不是真正的目的。

實務上來說，就連職場上耳熟能詳的QCD——品質（quality）、成本（cost）、交期（delivery）——都不是最終的目標。這三個目標固然很重要，但「讓顧客的大腦感到滿足」才是真正的要務，如果忘了這一點，只緊抓著自己的中心思想，將很難走上成功之路。為了不讓自己陷入這種處境，不要變成別人眼中的「老頑固」或「死腦筋的可惡上司」，我們要理解大腦，經常自我分析有無關於中心思想的偏差。

✣ ✣ ✣

人類的大腦就像這樣存在著多樣化的認知偏差，光是心理學書籍或網路提及的偏差至少就有數十種。也可以說，有多少人、有多少個外在條件，就可能產生多少種認知偏差。

不是心理學家的話，要記住所有偏差恐怕有些困難，此外有些偏差其實頗為相似，只是因為發現者而有著不同的名稱。雖然不能像看著檢查表一樣，時時檢查自己有哪些偏差，但可透過接下來所說的三個角度來做自我確認，相信多多少少可以消除影響。

在職場上進行決策時，大致上可以區分為團體或個人認知偏差，此外也可分成是自己或他人發生的偏差。也就是說，至少可以檢視以下三點——

❶自己本身是否產生了偏差？

❷對方是否產生了偏差？（代表對方做報告的人或顧客）

❸團體成員容易受到團體類偏差影響，因此團體的結論、決策是否有所偏頗？

以上這三種角度，對於決策前的分析有非常大的幫助。雖說凡事要當機立斷，但若能稍微停下來檢查是否出現認知偏差，更能做出最合理的決策，相信也不會因此而延誤商機。

兩套「資訊處理法」並用，大腦快速應變

大腦中的資訊，有的是從出生時便本能地經由遺傳組織儲存於腦中，有的則是透過經驗或學習所累積的後天資訊，大腦會活用這些資訊來應對身體與外部的環境變化。

人類大腦是為了順應環境或身體的變化而形成且存在。大腦對於變化的迅速應對，正是人類這個物種得以生存下來的重要關鍵。並且，為了順應變化，需要快速地做出正確的決策，因此順暢地活用腦中所累積的資訊來決策，是非常重要的。

被稱為專家的人們，他們的腦中都塞滿了各自領域的專門知識或豐富經驗，因此能在瞬間應對外部的環境變化，找出最適當的解答。行動是腦部決策之後的結果，重要的是要如何做出正確無誤的決策。

即使都是專家，但在專家中被稱為是一流的人們，他們的腦部反應與他人不同。進行決策時，這些一流等級的人們，腦部活動量會比普通的專家還來得少。這代表著他們可以更有效率地調用腦力進行決策。如果是外行人，在進行同樣決策時，與專家相比腦部的活動量會更多。這意思就是一般人不僅無法做出適當的決策，腦部還發生了許多不必要的活動。

要做到可以應對環境變化的良好決策，並沒有絕對的方法。不斷累積專門知識和豐富經驗，就是一切的關鍵。無法學習知識和缺乏經驗的人，就無法作為專家而成功。

大腦應變速度，攸關物種存續

大腦進行決策時，速度就是一切。原因在於人類也是動物，在建立起現在的生活模式之前，人類為了生存、為了留下物種，往往必須立刻做出決斷並行動，以面對環境的變化。

大約僅在一萬年前左右，進入農耕社會時，才開始像現在這樣固定居住在一個地方。我們的猿人遠祖開始用兩腳直立行走大約是在五百萬年前，現代人誕生於數十萬年前，此後人類在狩獵採集社會中生存，為了尋求作為糧食的動物、魚類、草木果實而不斷移動。在那樣的情況下，像其他動物一樣，為了生存下去需要做出各種迅速的決策、判斷和行動。

「並非最強的強者生存下來，也不是最為聰明的生物可以延續下去。唯一能夠生存下來的，只有可以變化的生物。」[38][39][40]

這句達文西所說的名言，意味著人類這個物種得以保存下來，是漫長歷史中人腦可以應對環境變化的結果。此外，也暗示著今後人腦可以順應變化到何種程度，即是物種能否保存的關鍵。這正是說明唯一能生存下來的，只有「可以應對變化的腦」。

為了在複雜的環境變化中，正確地速斷速決，需要參考過去相關事例的記憶。因為只要學會、掌握「過去曾經有過同樣的成功或失敗經驗，只要做與當時一樣的事就能有相同效果」這個道理，就能夠快速地判斷。可是，現今為了順應更劇烈、更快速的環境變化，人們需要更加迅速的決策，並且付諸行動。大腦是否確實地掌握並能應對變化的大小或速度，等同掌握著商業的關鍵。

在大腦中的資訊，分別有從出生時便本能地、經由遺傳組織進入到腦中的資訊；以及透過經驗或學習所累積的後天的文化資訊。大腦活用這些資訊進行決策，向身體各部位發出指令，使其產生行動，以順應外部的環境變化。

關於人的決策，如前面所敘述的一樣，分為潛意識中直覺的決策架構（系統Ⅰ）以及有意識的、理性的決策架構（系統Ⅱ）這兩種，腦會自動地分別使用。

大腦應對環境變化的整理如下——人會透過五感的感覺器官，像探測器一樣感測身體內外的環境變化，並將這些資訊送到腦部。接著由腦中的各個部位處理資訊，腦會分析環境變化的種類、大小和速度，並活用、選擇腦中的資訊進行決策，以因應這項變化。接著，向身體的各部位傳達指示，而行動就是決策的結果。

九十七%感官資訊解讀，來自大腦虛擬！

腦部有「由下而上處理」和「由上而下處理」這兩種處理機制，腦部根據這兩種機制進行「認知」活動。

所謂的由下而上處理，是末梢的感覺器官將資訊傳達到腦部，腦部根據這些資訊產生反應的過程。比方說，假設眼前有大約直徑十公分的球體，顏色雖然有點不均勻，但整體算是紅色的。這時「圓的」、「直徑大概十公分」和「紅色」等資訊會從外部進入。接著，腦中會處理形狀或顏色等等的資訊。

另一方面，關於這個紅色的球體是什麼——是個球嗎？蘋果嗎？——則需要進行判斷。腦中記憶著球的形象、蘋果的形象，因此，即使形狀多少有些改變，顏色有點不同，我們知道蘋果就是蘋果。這就是大腦內部由上而下處理的能力。

大腦會根據感覺器官從外部得到的資訊，加上腦內原有的資訊，製作出新資訊。用前面的例子來說，也就是製作出「眼前所看到的物品是蘋果」的這項認知。在這個認識的過程，幾乎所有的資訊都來自大腦內部，也就是由上而下處理所來的資訊，一般認為透過感覺器官所獲得的資訊是非常少的。

以視覺為例，大腦僅對眼見資訊的三％產生反應，其他九十七％都在腦內製作[41]；而且這套腦內作業全在潛意識中、於極短時間內完成。換句話說，當大腦進行由上而下處理時，會使用大量儲存在腦中的資訊，每個人擁有的資訊當然會因性別、年齡、人種……等眾多因素而全然不同，由此可推測大腦所認知的結果多少會有點差異。

比如人盡皆知的「七色彩虹」，其實根據人種不同，可區分的彩虹顏色數量也不一樣。當然在光學上來說，彩虹不是五色也不是七色，而是從紅色到紫色的連續光譜。也就是說，即使透過視覺接收到相同的資訊，仍會因人種不同而產生不同的解讀結果。同樣地，我們說「雪地是一片白」，但對生活在北極圈的因紐特人（Inuit）來說，雪地是各種不同的白，沒有單純的白色。

此外，電視放映出的顏色或印表機印出的顏色，也會因為人種或文化而不同。舉例來說，即使同樣都是紅色，根據文化的不同，紅色多少會有所差異。當然，這些都不只是大腦的問題，也含有視覺在遺傳上，也就是感測機能本身就因為人種而有所不同的因素。

資訊不只從視覺進入；聽覺、味覺、嗅覺和觸覺等「五感感測器」進入到腦中的資訊，都先透過「由下而上處理」來解析。接著活用與五感有關的腦中資訊時，關係到決策、行動和意識的「由上而下處理」也會一起運作。也就是說，兩種處理方式都會發揮作用。

而運作的結果，就可能引起前面所說明的「認知偏差」，或是下一章會介紹的「跨感官整合」，也就是來自多種感覺器官的資訊，在腦中經過複合處理，結果做出與實際狀況不同的判斷或認知。

其實不只是五感而已，例如平衡感等其他感覺，也會受「由上而下處理」所影響。比方說，當家中所有東西都傾斜的話，人會失去平衡，不由自主倒向傾斜方向，或是為了不要倒下而拚命地想要保持平衡，反而無法安定下來。實際上不論是桌子、椅子還是窗戶，所有東西只是朝某個方向傾斜擺放而已，但因為透過視覺所接收到的資訊，和腦中正常的家中印象有所不同，為了讓身體可以配合腦中的資訊，而違抗重力，自己打亂自己的平衡感。有一個例子可能很多人都曾聽過，那就是美國聖塔克魯茲（Santa Cruz）

紅木森林中的神祕點（Mystery Spot），這裡是極具代表性的例子之一。

像這樣一般所說的「錯覺」，有很多是因為由上而下處理和由下而上處理的大腦機制相互干擾而引起。當然，也有除此以外的人體感覺器官和大腦機制所引起的錯覺。

在「錯覺論壇」（Illusion Forum）[42]網站上，可以體驗到各式各樣的錯視、錯覺的實例。當中也有我們在商業實務上會使用的錯覺，大家可以去試試看。網站內針對每一個例子，都解說了為何會產生這樣的錯覺，需要哪一些大腦的機制。了解之後，或許你在企畫、製作商品的設計或廣告等等的時候，就會有些改變。

大腦並非只依據外部資訊來判斷事物，較多的做法反而是將外部資訊與原本在腦中的資訊進行配合。這是人類為了生存，必須迅速處理環境變化等外來資訊並瞬間做出判斷，而演化出的大腦必備功能。因此，誰都沒辦法簡易地消除這項能力，還會在各種狀況下影響我們的判斷，有時候甚至導向錯誤的結果。

重要的是大腦的由上而下處理、無意識中進行的認識與決策的過程，會強烈影響意識、行動，也就是對於商品或服務的評價，更甚至是購買行為。當然，這不只與市場行銷有關，在管理上的各項決策，也都是由上而下處理在進行的。

頂尖達人都勤於「磨練直覺」

由感覺器官偵測外部的環境變化之後，這份資訊傳達到腦部，大腦處理資訊到做出決定的這段時間，一般認為至少需要〇．一秒，大致在〇．五秒左右的時間。[43]〇．五秒非常短暫。比方說，投手丘上的投手板到本壘板之間的距離是一八．四四公尺，隸屬美國大聯盟德州遊騎兵隊的日本棒球選手達比修有（Yu Darvish）所投的直球，據說最快時速是一百五十九公里（二〇一三年四月）[44]，這顆快速的球從離開投手手中到捕手的手套裡，或者是碰到打擊者所揮的球棒，大約是〇．四二秒的時間。達比修有所投的變化球時速也有一百三十公里左右，如此也僅需要〇．五一秒左右的時間。

思考看看，從大腦接收來自視覺的資訊，到決定要揮棒打擊的這段時間，以及決定後這項指令傳遞到肌肉，到完成揮棒這些動作的時間，如果在投手投球之前不知道球的位置，球棒就無法碰觸到球。並且，球被投出之後會上下左右變化，如果想正確地辨識出球路，就無法揮動球棒。

其實，視覺所捕捉到的資訊，傳達到腦部的路徑似乎不只一個。不僅有腦中負責視覺資訊的視覺皮層而已，還有更為單純，可以快速、正確傳達判斷的路徑，因此才得以打擊出去。[45]當然，並不是這樣就可以打出全壘打。在職業棒球界中的打擊名手，也還是需要研究、預測投手的球種、球路和配球等資料。

一九七〇年代的日本職棒中，阪急勇士隊的高井保弘是有名的強打者。他身為棒球選手生涯的十九年中，達成了總計二十七支代打全壘打的世界紀錄。而高井所做的努力，就是掌握投手的習慣。

其實，高井之所以學會讀出投手習慣的技術，據說是因為與前大聯盟選手戴瑞・史賓賽（Daryl Dean Spencer, 1928-2017）的邂逅。史賓賽在日本打球時，高井看到他在場邊一球一球地記錄下投手的投球，並分析投手的習慣、喜好，而大受衝擊。[46]我們常說人再怎樣應該都會有些習慣，而習慣正是大腦在無意識中反應的結果。高井而後模仿史賓賽的做法，學會解讀各個投手的習慣、習性，因而能夠達成這項豐功偉業。當然，除了留意投手的習慣以外，他也會參考捕手動作等等。[47]

重要的是，打球並非單純的直覺和經驗。成功的祕訣或許可以說是「科學化棒球」或「資料化棒球」。日本棒球英雄長嶋茂雄就發明了「KAN-puter」一詞，結合日文的「直覺」（kan）與英文的「電腦」（computer）——意思是在解決或選擇事物時，依賴直覺進行。但長嶋選手之所以能使用這種決策方式，是因為他先對每一場比賽都做了許多研究和分析。

多數的一流運動選手們，腦中都記憶著無數關係到專業的知識和經驗，因此能夠透過由上而下處理迅速地做出確實的決策。這些幾乎都是在無意識中進行，因此就像是直覺準確、富有感受性或是與生俱來一樣，容易被旁人認為是天生擁有的才能。當然，或許天生的能力在當中也佔了很大的影響。但是，讓大腦記憶知識或經驗的過程，不論是誰都能意識地去進行，因此，每個人都能夠「磨練」直覺。

專業和外行，腦部活動大不同

直覺越是敏銳，能力越是優秀，大腦就可以更有效率地運作。科學家曾檢測一流的職業運動選手、鋼琴家或棋士等「專家」的腦部，觀察他們在活動身體或決定下一步棋時需要活化的大腦部位及其反應量，與做同樣事情的一般人比起來，專家的腦路活動量反而比較少。這就代表了大腦用法的差異。

心臟送出的所有血液量中，大約有十五%到二十%會運送到大腦。一個人大約由六十兆個細胞所組成，腦細胞的數量大約是一千數百億個，僅佔整體的〇・二%；而腦的重量也只佔了體重的二%左右，但卻需要整體血液所含的兩成葡萄糖與氧氣，說明了腦部是需要大量能量的部位。但是，人腦消耗的能量跟最尖端的超級電腦比起來，卻又非常少，大腦可以說是十分地節能並且高機能的器官，關於這部分會在最後的「總結」詳細說明。

只是，即使大腦需要，也無法因此增加血液量。循環在體內的血液量取決於心臟這個幫浦所送出的量，我們無法勉強增加。並且血液不只提供給腦部，還需要運送到整個身體。因此，大腦會在有限的能量中，盡量將較多的血液運送給腦中需要的部分，得以讓腦的某個部分更加活化。

因此，一流的專家在進行自己的專業時，可以非常有效率地使用腦部，視需要活化腦中多個部位；也就是說，專業人士的腦部在此時還有充足的力量可供備用。為了要創造出這種備用腦力，不讓大腦精疲力竭，還是需要確實地記住知識和經驗，才能讓大腦高效率運轉。

觀察核磁共振造影（MRI）測量出的腦部斷面圖時，如果你看到腦的某個部位呈現紅色或橘色，並且說明者表示這類顏色代表大腦該處活動量大，你可能會覺得「自己的大腦活動量多，這很好啊。」事實上卻非如此。比方說，測量擅長算數與不擅長的人在算數時的腦部狀態，擅長者的腦部其實沒有太多活動；另一方面，對算數不拿手的人其腦部斷面圖會有多處呈現紅色或橘色。

國立資訊與傳播科技研究機構（NICT）的內藤榮一（Eiichi Naito）博士所進行的實驗中[48]，調查超級職業足球選手內馬爾（Neymar da Silva Santos Júnior）在運動時腦部的活動量，發現僅為業餘選手七%而已。因為內馬爾選手腦部相應部位的負荷小，因此可將剩餘能量提供給其他腦部位，而做到其他人無法達成的快速卓越且完成度高的個人技術。相信這樣大家應該可以了解，並非腦活動量多就一定是好事了吧。

如同一直以來所說明的，大腦要迅速地做出決策並實現行動，無法只依靠「由下而上處理」，也就是只處理由感覺器官進入的資訊，而更需要活用腦中所積蓄的資訊，搭配「由上而下處理」一起運作。為了可以更快速精準地進行由上而下處理，還是要確實將知識或過去的經驗輸入腦中。也就是說，練習、訓練以及經驗是極為重要的事情。

並且，為了活用這些成果，必須紮實地留在記憶當中。在第二章進行記憶相關的說明時也曾提到，腦中若沒有記憶，就不可能靈光一現。也就是說如果腦袋空空，就無法創造出任何東西。因此，為了提升創造力、發想力，更加容易地靈光一現，在腦中儲存並且整理好各式各樣的知識或經驗，是非常重要的。

只憑藉沒有任何依據的直覺或經驗是不行的，在商業上也是如此。在經商方面直覺敏銳的人，或是在買賣上能發揮第六感的人，都是因為腦中已經深深刻畫了相關的知識、經驗等等。

在職業棒球的世界中，如果自己的一些習慣被對手掌握了，比賽就會失去勝算，因此選手們會努力不讓自己的習慣曝光。另外，體操或花式溜冰的選手如果有奇怪的習慣，也無法達到優美的姿勢。打高爾夫的時候，揮桿時的習慣會大大左右球的方向。選手們為了隱藏習慣、改掉習慣而不斷地練習、矯正，最終才踏上戰場。這就是與運動有關的「記憶覆寫」作業。

其實商務上也是相同。比方第四章介紹的認知偏差，就是思考上的一種習慣。注意不要陷入自己容易產生的認知偏差，和運動選手修改自己習慣動作是一樣的道理。另一方面，確實地理解並記憶各種知識，主動地累積各種經驗，的確可能提高發想力、創造力，促進靈光一現的機會。

專業的設計師會欣賞許多不同的一流繪畫或雕刻，或是接觸大自然，來提高自我想像力、設計力。讀書也是相同的道理。比起接觸二三流的事物，接觸一流的事物可以形成更優質的記憶，因而能夠做出良好的決策和行動。因此，或許該好好思考要將哪些東西放入腦中。現在開始這麼做，永遠不嫌晚。大腦的容量並沒有那麼小，人並非記不住，往往是我們不嘗試去記憶。

現在不論是棒球、足球、排球、橄欖球、體操或花式溜冰等等，所有的運動都開始嘗試分析人體資料，以提升選手的能力。並且也出現「運動腦科學」的學術領域，學者們研究大腦的特性，開發並實踐各式各樣的訓練方法。目前世界各國都像這樣致力於培養頂尖運動選手，當然日本也不斷在進行相關的研究。

在歐美國家，腦科學已經運用在商務上面了，我們的商務人士是否也應該學習採取更多科學的方式，更加理解人類或大腦呢？

迅速應對環境變化，是大腦的天職

人的大腦是一天二十四小時、三百六十五天，全年無休地處理由「五感」等感覺器官進入的資訊。當然，如果對於變化沒有反應或改變的話，物理構造就會一直維持當下的狀態。「腦部對外部環境或身體變化產生反應」，這也是人類這個物種可以持續生存下來的必要條件。

只要維持在安全且安定的狀態，大腦可能什麼都不需要做。但是因為環境變化而有危險靠近時，如果無法立刻進行決策避免危險的話，可能就會死亡了。相反地，如果機會來了卻什麼也不做的話，會錯失機會，結果也可能造成死亡。以往的狩獵社會，眼前若是出現了長毛象，不想辦法驅逐牠的話，可能會被踩死。相反地，如果正在狩獵，明明出現了捕獲獵物的機會，卻無法立即決定要如何行動而讓獵物逃走，以結果來說也可能因此飢餓甚至餓死。

在漫長的人類歷史中，大腦獲得像這樣的處理機能，得以克服各種狀況而存活到現在。不論是認知偏差或由上而下處理，都是為了迅速地進行決策、行動，為了生存下去所必要的手段。

現在這個時代，並不會有受到長毛象或外敵襲擊而直接面臨死亡的場面，也不會因為沒有捕捉到獵物而餓死。可是，在人類漫長歷史中一路成長的大腦，即使突然不再需要那些機能，也不會因此將之刪除。反而是配合當下這個時代，大腦繼續活用這些機能。

若是這樣，可以說能夠靈活運用腦中的由上而下處理機能，隨時迅速地應對環境變化才是聰明的生存方法。在商務方面，也不會有因為挑戰就失去性命的事情吧。相反地，面對各式各樣的挑戰，經驗各種失敗和成功，讓大腦更廣泛更深入地學習，由上而下處理的能力也能因而提升。

「跨感官整合」，教你製造品牌好印象

人擁有五感等各式各樣的感覺器官。並隨時以多個感覺器官來察覺環境變化。比方說，下雨的話，視覺會認知到積雨雲或雨本身，同時聽覺也會察知下雨的聲音。此外，雨滴若碰觸到肌膚，觸覺也會感受到。我們則會根據這些資訊，預測雨勢的大小或是還會繼續下多久。

可是，資訊處理不一定都能客觀進行。比方說，「好吃」可能不只是味覺測得味道而覺得美味，也會透過視覺或嗅覺感受；有時候視覺或嗅覺比味覺更優先運作，因而食物外表或香味的影響勝過真正的味道。這就叫做「跨感官整合模式」（cross-modal effect）。

人類的感覺器官——也可說是人類對外界的「感測器」非常地優秀。如果是受過訓練的感官評價員，可以單獨使用味覺、嗅覺、聽覺、視覺、觸覺的其中一種感測器，立即正確地評價樣品的味道、香氣、聲音、光澤、瑕疵、表面粗糙度等等。

只是，如果多個感測器同時有資訊進入腦中，那就不同了。比方說，在白酒中混入紅色色素，並告知為紅酒而端上桌，即使是品酒師，也會說出對紅酒的評價用語。這時候，從視覺、味覺和嗅覺所進入的資訊當中，視覺最為優先運作。人其實不擅長於跨感官整合模式的評價。關於在實際的消費層面上，消費者如何評價商品或服務，需要置身於現場來進行。

視覺資訊，最能影響大腦感知

人類在判斷狀況時，會完整地活用五感。比方說，用餐時覺得餐點美味，是哪些感覺偵測器發揮作用呢？

所謂「好吃」，指的是味道，想必是用舌頭上的味覺感測器吧！

當然，此時味覺是很重要的，但是就像「這香味聞起來很好吃」這樣的說法一樣，香氣（嗅覺）也是一大要素。相信很多人都曾經被碳烤攤位的烤肉煙霧和香氣所吸引，而忍不住停下來買些嚐嚐吧。所以，嗅覺對「美味」來說，也是很重要的部分。

還有，看到擺盤非常華美的料理，是否曾脫口說出「看起來好好吃」這樣的話呢？也就是說，視覺也擔任了很重要的角色。

也常聽到「口感很好」、「非常順口」或是「宛如在嘴裡融化的感覺」等形容，在口中能感知到食物的軟硬、冷熱，與感覺相應的觸感和溫度感測器，當然都和「美味」有所關連。說個題外話，其實「辣味」並不是由味覺感測器負責，而是感受疼痛的「痛覺感測器」在發揮作用；的確有人會用「辣到舌頭好痛」來形容。順帶一提，味覺所感受到的是苦味、酸味、甜味、鹹味和鮮味（umami），這是食品業界的「基本五味」，當中其實不包含辣味。

「觸覺」、「痛覺」、「溫度覺」加上「壓覺」，統稱為「皮膚感覺受器」。稍微閒談一下，溫度覺又分為感受溫熱的「溫覺」，以及感受冰冷的「冷覺」這兩種感測器。並且，即使同樣是溫度覺，每個人所能感受的溫度範圍也可能不同。

說到這裡，可能有人會好奇「聽覺」是否與「美味」有所關連？答對了！某間國際食品大廠的實驗中，發現受試者在吃洋芋片時，如果聽不到清脆的咀嚼聲響，會覺得比較難吃。

即使只是「很好吃」三個字，卻不只關係到味覺，而是與嗅覺、視覺、觸覺、痛覺、溫度覺，甚至聽覺都有關連。相信應該可以讓大家了解，在確認食物是否美味時，其實我們會完整地運用五感。

另外，比如在餐廳用餐的狀況，還有其他要因也會發揮作用。像是餐廳氣氛——在十分整潔且感覺高級的餐廳，和感覺可能會跑出蟑螂的餐廳，即使兩家端出一模一樣的料理，相信你也會覺得味道不同。這和視覺上的美味固然有關，但是料理以外的背景資訊也帶來了影響。還有，坐在硬梆梆又窄小的椅子上用餐，和坐在寬敞柔軟的皮革椅子上用餐，相信所感覺到的美味也會不同，因為坐著的舒適度可能影響大腦的判斷。

也就是說，當味道相同時，除了視覺，來自觸覺、壓覺和本體覺（proprioception）的資訊，都會影響「美味」程度。「本體覺」是發現、感受到加諸在身體各種部位的重量或力量，或是感受到身體姿勢等物理狀態的感覺。

除此之外，講話冷淡、應對態度隨便的服務人員，和笑咪咪且服務仔細周到的服務人員，讓人在用餐前心情就會有所轉變。這種時候，除了服務員表情（視覺）與用詞（聽覺）會有關係，腦中的認知偏差也會產生影響。

當然與誰一起用餐也很不一樣。我們常常聽到，某人難得和地位崇高的人一起在高級餐廳用餐，卻緊張到食不知味的例子。或者是第一次約會時，很努力地上網找美味的高級餐廳，但實際上卻過度在意用餐禮儀，而沒有餘力享受味道，相信有些男性曾有這種經驗吧；而接受邀約的女性，說不定也曾經有相同的感受和經驗。還有餐廳的「品牌」，比方說獲得米其林三星評估的餐廳，就會讓人格外期待這裡端出來的餐點美味。

像這樣，只是「很好吃」的感覺而已，實際上可能受到許多感覺器官傳達到腦部的資訊所影響，並且與腦內的資訊結合，經過「由上而下處理」之後，才會決定到底要感覺好吃或是不好吃。

這在開發新商品上，其實意味著相當重要的事情。舉例來說，像食品或飲料，如果店面有舉行試吃活動，可以先試吃，若覺得喜歡再購買。可是實際上商品多只陳列在店面中，甚或只是網站上的一個畫面，消費者無法實際確認味道。

除去試吃這項例外，透過電視或車廂廣告等，首先商品資訊會由視覺（視情況有時是從聽覺）進入。而要選擇陳列在商店中的商品時，也是用眼睛在選擇。用餐的時候，在吃之前香味資訊會先進入腦中。接著，料理放入口中，才開始用舌頭確認味道，味覺感測器將資訊傳達到腦部。同時，口腔內的香氣也經由鼻腔傳達到腦部；嗅覺感測器通向腦部的神經傳達路線比味覺的路線短，因此會比較快到達腦部。

如同各位讀者目前所理解的一樣，即使距離遙遠，從視覺進入的資訊也可以傳達到腦部，接著是聽覺資訊。除此以外，像味覺，如果食物沒有進入口中，資訊就無法傳遞到腦部；同樣地，觸覺、痛覺、溫度覺和壓覺等資訊，都必須在物品接觸到肌膚，或是十分靠近的狀態下才可能傳達，可知道觸覺等感測器可以感知的範圍是相當受限的。

因此，下面所說明的跨感官整合模式也可以清楚地了解到，**透過視覺進行訴求，是將資訊傳達到對象腦中的最有效方法。**腦部在處理資訊時，也是最為重視視覺資訊。

在開發商品時——食品的味道或香氣；影音設備的畫質或音質——都會花費相當的時間運用科學客觀的方式，針對從每個感覺器官所進入的資訊及其產生的評價來進行檢測。但是電視廣告、商品的包裝、形狀或大小等等，其製作或評價卻會放任主觀意見或他人來決定。實際想想，多數的企業在決定這些商品或行銷要素時，不都是交由社長或專案領導者判斷，根據他們的經驗和主觀——或說是「品味」與「感性」來進行嗎？

在商品開發的過程，有評價味道或香氣的專業感官評價人員、開發商品的研發人員、設計包裝的設計師，以及規劃廣告內容的行銷部門等等，大家互相分工合作。每一項都分別需要各自的專業，因此分工也是理所當然。可是，包含廣告在內，最終成品是由「誰」來評價？而又要「如何」評價呢？部分的狀態好，不代表整體是個完美成品。在開發過程或開發團隊中，一定需要加入評價整體成果的機制和負責評價的人員。

像這樣，從腦部或人的觀點來分解、分析或重新統合事物的最終狀態，是非常重要的。這並不只適用在食品或飲料的美味上。3C製品的便利程度、駕駛汽車的順暢度、捷運或飛機等交通工具的搭乘舒適感，乃至於電影欣賞等等，都適合從「對顧客提供商品或服務」的觀點來思考。

白酒形容成紅酒？神奇「跨感官整合」

那麼，了解腦部與感覺器官的關係後，來分享一個有趣的實驗。這是東京大學廣瀨通孝（Michitaka Hirose）教授的研究，曾獲得NHK電視節目的介紹。

實驗中，受試者先戴上外形像護目鏡的頭戴式顯示器。顯示器其實運用了擴增實境（Augmented Reality, AR）技術，在螢幕上出現包覆著巧克力的餅乾後，將餅乾湊到受試者的鼻子附近，再讓受試者吃下餅乾。結果，受試者覺得餅乾有巧克力的味道（Meta Cookie實驗）[49]。同樣地，也有實驗運用擴增實境技術，讓受試者看到比實際大的餅乾，結果受試者吃了這餅乾後，很快就感覺到飽足感，最後食用量減少（擴增飽足感的實驗）。[50]

橫濱國立大學的岡嶋克典（Katsunori Okajima）教授，研究透過擴增實境來改變質感的技術，針對至今向來是主觀判斷的「質感」，置換為可以操作的變數並進行測量，將質感數據化，成功實現定量評價的嶄新研究成果；當中的實驗十分有趣。

實驗中，受試者同樣戴著頭戴式AR顯示器，實際上吃的是鮪魚赤身握壽司，但顯示器讓受試者看到的卻是鮪魚腹肉壽司或是鮭魚壽司。當受試者看見鮪魚腹肉時，會覺得吃下的壽司就是這個口味；另一方面，如果看到的是鮭魚，則覺得自己所吃的是鮭魚。還有另一個實驗，讓受試者看到拿鐵，但實際上喝的是黑咖啡，能讓受試者覺得自己所喝的飲料帶有一絲甜味。

現在的電腦技術日新月異，擴大、改變現實環境的AR技術，成為評估人類主觀感受的工具。只要活用這項技術，不需實際製作出商品，就能在電腦上模擬出商品「質感」，若能定量改變商品的顏色、光澤、表面的粗糙度或形狀等等，再戴上AR顯示器來進行評估，就可以找出達到最佳質感的條件，並運用及反映在商品上。除了食品、飲料以外，這項技術更可以廣泛地運用在化妝品、汽車或房屋裝潢等各種方面。

讓我們稍微換個角度來看同樣的現象。法國有間培養酒類專家的大學，下一個實驗由這裡的學生擔任受試者。[51] 他們是未來的品酒師，每個人都受過品酒能力訓練。這些學生們喝了紅酒之後，會說出像是「如同黑莓一樣的香氣」或「可以感覺到柔滑的單寧」等品評紅酒時經常會有的表現。喝白酒的話，也理所當然地說出許多經常使用在品評白酒的評語、形容。首先經過基本確認之後，接著再進行一次品酒的實驗。

只是，這一次則在白酒中加入紅色著色料，讓白酒看起來像紅酒，難以區分；結果，受試者說出許多品評紅酒時的用詞。這個實驗證明了視覺資訊會比嗅覺資訊、味覺資訊更加優先影響腦部。

還有另一個使用紅酒的有趣實驗。兩個瓶子內裝有同樣的紅酒，但更換其中一瓶的酒標和價格，讓受試者來品評美味程度。[52]當受試者聽到兩瓶價格一樣時，他們感覺兩瓶都差不多美味；但是聽到其中一瓶價格比較高後，回答較昂貴的紅酒比較好喝的比率變高了。這可能是因為他們感覺價格高等同高級，也等同比較好喝吧。

那麼，為何餅乾看起來像巧克力餅乾，就覺得是巧克力餅乾的味道；吃的是鮪魚赤身，卻覺得有鮪魚腹肉或鮭魚的味道；嚐著白酒的味道卻形容成紅酒；價格較高的酒比較美味……為何會有這些現象呢？

這顯示出，味覺常受到其他感覺的影響，像是先於味道進入腦部的視覺資訊或嗅覺資訊等等。**其實人腦的資訊處理有著「跨感官整合模式」的概念，腦部會統合來自視覺、聽覺、味覺、嗅覺、觸覺等以五感為主的感覺器官資訊，再進行判斷。**這個現象——包含大腦的「由上而下處理」——是最先端的研究領域。國外的食品飲料企業或研究機構，都在進行相關研究。

人類以五感來判斷狀況，整合活用多個感覺資訊，稱為「跨感官（multimodal）處理」。這時候並非直接採用個別感覺器官傳入的資訊，腦部也會一併接受其他感覺器官的訊息，並進行資訊的統整，因此稱為「跨感官」。

但從前面的實驗例證中可看到，感覺資訊的統合是在我們察覺不到的無意識層面進行，而且會做出與實際不同的判斷，或許可想成與第四章說明的認知偏差一樣——大腦並非直接地接受、使用由感覺感測器所進入的資訊。

「聯覺認知」，產品設計與行銷關鍵

有個與大腦的跨感官整合相關、十分有趣的研究領域——「聯覺」（synesthesia，亦稱「共感覺」）——是與擁有特殊感覺的人相關的研究。例如說聯覺者或許會覺得數字、星期等文字帶有顏色，比方說——會覺得「1」是紅色、「2」是綠色、「3」是黃色；或者「星期一」是藍色、「星期二」是紅色、「星期三」是黃色……等等。

據說約每兩百人中，有一個人擁有這項特殊的感覺；而在藝術家或小說家等創造力豐富的族群裡，擁有聯覺的比例則較一般人高出八倍[53]。美國的著名腦科學家拉馬錢德蘭（Vilayanur S. Ramachandran）博士認為，能成為藝術家或小說家，腦中擁有能夠結合毫無關係的兩者、有創造出隱喻（metaphor）的能力。

圖 4 聯覺實驗

在外星人的語言中，以下其中一個圖案是「布巴」，
另一個是「奇奇」。請推測圖案分別是哪個詞彙。

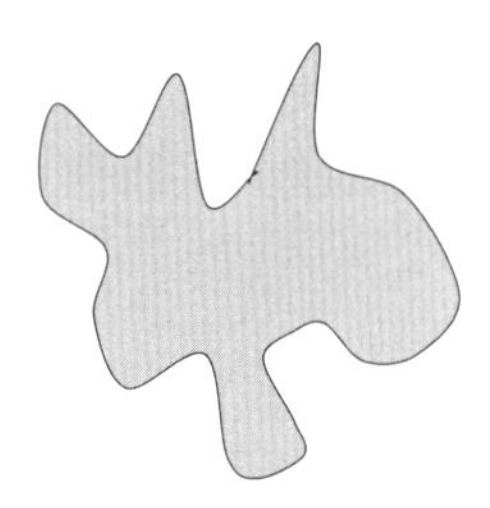

出處：參考 V. S. Ramachandran/E. M. Hubbard, "Synaesthesia—A Window Into Perception. Thought and Language", *Jounal of Conscious Studies*, 2001, No. 12, pp. 3-34. 由筆者繪圖

然而聯覺——結合不同感官傳入的資訊——絕非特殊族群才具備的能力，有個研究可以說明這點。[54]實驗假設外星人來到地球上，他們也和人類同樣使用文字，即圖4所示的兩個圖案；其中一個圖案是火星語的「布巴」（bouba），另一個則是「奇奇」（kiki）。實驗人員會詢問研究對象，「你覺得哪個圖案搭配哪個外星詞彙呢？」你又會怎麼回答呢？

實驗結果——可能和許多讀者的答案相同——九十八%的人會回答尖尖刺刺的圖案是「奇奇」，像變形蟲一樣的圖案則是「布巴」。就像從這個實驗中可以理解到的一樣，從視覺進入的「圖

案資訊」，和從聽覺進入的「詞彙發音資訊」在腦中受到統合，而被認知為擁有相同的屬性。這可以想成「聯覺」的一種。[55]

還有一個重點，大家應該是第一次看到這些圖案和詞彙，當筆者在講習會等說明這項實驗，並請聽眾舉手投票時，實驗結果和在美國所做的原始實驗也大致相同。也就是說，像這樣的圖案和聲音聯覺，有可能不受人種或文化影響而有相同的答案；至少「布巴」、「奇奇」和與之聯結的圖案，是相當普遍、跨國界的組合。

根據實驗結果，可以看出公司名稱（文字）和品牌標誌（圖像）、商品名稱（文字）和商品包裝（圖像）間的重要關連性。如果這兩者之間的關係性不佳，或許會讓很多人在潛意識中覺得不自然，而這份「不自然」的感覺，則可能成為妨礙購買、降低評價的要因。因此，理解人類有結合各類感官資訊的能力，對商品開發、廣告行銷和公司經營都很重要。

無意識的「體現認知」能左右行為

人在潛意識中，會透過五感等各式各樣的感覺器官來持續獲得與自己周邊環境（或許應該說對大腦而言的周邊環境會更加合適）有關的資訊。大腦會在潛意識中處理進入的資訊，必要時進行各種決策和行動。當然會廢棄不需要的資訊，但並非以你的意識去判斷需要或不需要，而是大腦在潛意識中決定。

像前面所舉的用餐例子，可以了解視覺、嗅覺加上味覺，有時候觸覺也會作為感測器，來收集重要的資訊。而這並不只是在用餐的時候而已。

作為「應用腦科學聯盟」活動的一環，有個由日本五大建設公司之一的竹中工務店、京都大學和早稻田大學等合作進行的實驗。他們合成穿著西裝的商務人士照片與各種會議室景象的照片，讓受試者來評價照片中的人物。結果，即使人物相同，也會因為背景的會議室景象，比方說可能是舉行董事會的氣派會議室，或作為一般會議室使用的明亮空間，但隨著牆壁的顏色、桌椅的設計等等，背景氛圍一旦不同，對於照片中人物的評價也會改變。

在某個背景中覺得看起來值得信賴、充滿生氣的人，在別的會議室背景中魅力度卻下降，或是看起來感覺冷酷無情。也就是說受試者看了照片，要評價照片中的人物時，背景的資訊會帶來影響。

受試者所受到的指示是評價人物，一般來說不需要注意背景，意識應該是集中在人物上面才對。可是，視覺認為背景也包含在資訊當中，將所有的資訊都輸入大腦。這和通常用相機拍攝人物的時候，雖然會以人物為主，但是不會排除掉背景資訊是相同的。

透過相機鏡頭所獲得的圖像，和人類從視覺所獲得的資訊是同樣的。如果說用相機所捕捉的圖像，想要只聚焦在人物身上的話，也可以將人物的部分剪裁下來移動到單色的背景上。可是對大腦來說，背景或許也是重要資訊。當大腦判斷為重要的話，和受試者的意志無關，大腦會將這些資訊留在記憶中，在進行決策時活用。

有個很有趣的實驗說明了這個重點。這是加拿大阿爾伯塔大學（University of Alberta）增田貴彥（Takahiko Masuda）副教授與其團隊，進行的美國人與亞洲人比較研究。[56]此研究請受試者拍攝人物，之後比較人物臉部大小與照片面積的比率。結果發現，美國人拍到的臉部面積比率較高。這說明美國人是以「人」，特別是以「臉部」為中心來拍攝，因此包含的背景相對較少。亞洲人則傾向拍攝人物的全身像，也包含了照片主角的周圍環境。

從這一點來看，可以知道**潛意識中美國人會聚焦在對象身上，亞洲人則在潛意識中傾向考量整體的平衡性**。其實，還有許多這樣的實驗，並且每個都是相同的結論。

比方說，解析看到人物合照時的視線移動，亞洲人的視線會觀看照片整體，歐美人的視線停留在照片中心人物身上的時間比較長。此外，讓受試者看風景畫的照片或圖畫，之後詢問記得哪些部分時，亞洲人會針對整體來回答，歐美人則有針對被拍攝的主體來回答的傾向。

也有像這樣的實驗。分別有手拿著杯內裝有冰咖啡的小組，以及手拿著杯內裝有熱咖啡的小組，這兩個小組對他人的寬容度會表現出差異，手拿熱咖啡的小組對於他人顯得較為寬大。此外，面試官讓一個小組把履歷表夾在比較重的文件夾，再讓另外一個小組把履歷表夾在比較輕的文件夾，結果履歷表夾在厚重文件夾的小組，更加認真地參與面試。

建築領域中，也有針對天花板高度和工作之間關係的實驗，結果發現較高的天花板適合創作型的工作，低天花板則適合較精密的作業。此外，較多曲線、重視設計感的家具，跟四四方方、充滿角度的家具比起來，帶圓弧造型、有曲線的家具讓人感覺放鬆度較高。

這些實驗顯示出，人在潛意識中也會活用注目焦點以外的資訊，並為了活用而收集這些資訊，很有可能因為文化而使得影響程度有所差異。

再介紹另外一個實驗。這是以電腦或遊戲機常有的賽車遊戲所進行[57]，讓受試者使用性能完全相同、但車身包覆有不同標誌的汽車（實際上都是同一台）來進行遊戲。標誌的種類有五種：紅牛（Red Bull）、可口可樂（Coca Cola）、健力士啤酒（Guinness）、純品康納（Tropicana），以及沒有品牌。

汽車的性能都一樣，因此不論比賽幾次，分別成為第一名到第五名（最後一名）的次數應該差不多才對。實際上，這五種汽車當中，有四種就是這樣的結果。

但是，其中一種標誌的結果與眾不同；這款車成為第一名和第五名的次數特別多。這應該是因為，操縱者更喜歡用這種標誌的車在直線上提升速度，轉彎時的減速幅度也比較少，因此容易拿到第一名；另一方面，也是因為速度快，或硬要轉彎，而容易衝出賽道，或是和其他車輛碰撞，所以容易落到第五名。

而究竟是哪台標誌的車有這項結果呢？答案是「紅牛」。在這實驗中，可以了解「紅牛能量飲料」的品牌形象不只是影響飲料的味道或選擇，也可能影響到行動。

像這樣，人只是自己沒有察覺到，其實在無意識中會活用由感覺器官所獲得的環境資訊來進行決策，並且付諸行動。如此與環境之間的相互作用而進行的認知活動和影響，在專門用語中稱為「體現認知」（embodied cognition）。

至今所說明的大腦認知偏差、跨感官整合模式、聯覺和體現認知等知識，不管是從飲料到建築物、消費者到店員、市場行銷到管理……在所有的商務層面中都會產生作用。不論哪一項都是在我們沒有發現到的無意識狀態下，大腦逕自進行判斷。因為是大腦擅自在無意識中進行的決策和行動，因此即使透過主觀性的問卷調查或團體訪問，也很難讓「無意識」做的事浮現到意識層面。

因為如此，透過大腦測量或心理物理實驗來了解消費者的大腦特性，或是藉此評估商品或服務、品牌的潛在影響，甚至是員工的工作意願等等，都是現在商務業界所需要的。

人際溝通關鍵，是「鏡像神經元」

人可以推測、理解他人的決策或行動。在商務場合中，我們經常會不經意地推測對方內心的想法，或是預測對方的行動；比如說，眼前的顧客大概覺得這個商品定價有點太高、那位看著商品架的顧客應該會拿起商品來端詳、現在這個顧客看來樂在其中等等。這項能力被稱為「心智理論」（Theory of Mind），其實每個人或多或少都擁有這樣的「讀心術」。

大腦具有將他人的事情視為自己的事情、將人物置換為自己的能力。或許很多上班族都曾被要求「你要站在顧客的角度想」。站在對方的立場來思考，是大腦中最為重要的機能；而在腦中負責這項職責的是「鏡像神經元」，這是理解他人心理這項能力的根源。

我們可以和他人協調作業，都是託鏡像神經元的福。看到對方的笑容，自己也會開心；如果別人心情不好，自己也不會太愉快（至少應該不會有人因此開心）。如此一來，即可理解「待客態度」有多重要。

應該有很多服務業會特別訓練打工人員的待客禮儀，這不只是非常重要的人才培育對策，也是行銷戰略的一環——顧客會因為店員的笑容而再次光顧。

每個大腦都懂「讀心術」！

為何我們可以理解他人、模仿他人呢？因為這些事情似乎太過於理所當然，人們就算不知其然，也照樣能每天過生活；就算知道了，生活也不會因此改變。可是，若換為商務觀點，這問題就有值得思考的價值。

大家有聽過「模因」（meme）嗎？這是英國進化生物學家理查・道金斯（Clinton Richard Dawkins）提倡的概念，他將模因定義為「文化基因」——文化是由腦傳達到腦的資訊，模因則與語言、時尚、音樂、食物、建築等資訊的傳播有關。雖然「模因」並非基因或細胞實體，但能充分說明一個概念：**與文化相關的資訊，是從人到人、世代到世代地傳達**。進一步思考腦部發出及接收資訊的本質，即可充分理解這個主張。

有項大腦的機制，可以做為「模因」的證明。因為最近的腦科學潮流，各位可能從媒體上得知，義大利腦科學家賈可莫・利索拉提（Giacomo Rizzolatti）教授的團隊，發現了「鏡像神經元」（mirror neuron）[58]，其別稱為「模仿神經元」。當人類在行動或觀察他人行動的時候，這個神經元都會活化，顯然在大腦的決策、運動和溝通等工作中擔任重要角色。

發現鏡像神經元至今還不到二十年的時間，不了解的地方還有很多。可是，這個神經元對於理解人類社會有重大貢獻。比如說，看到人在運動時的姿態，明明只是在看而已，但腦部掌管運動部位當中的鏡像神經元也有所反應。根據利索拉提教授團隊所提出的研究結果，鏡像神經元的首要職責是理解他人行為的意義。[59]大多時候，我們看著他人的行動推測他將要做什麼，並能夠理解行動的意義，都是因為鏡像神經元。

此外，模仿或學習他人的行為也與鏡像神經元有關。例如「看著舞蹈老師的動作來記憶舞步」等為了記憶而觀看時，鏡像神經元會有更強烈的反應。不只是舞蹈，其他像空手道、西洋劍等，凡是需要身體做出各種姿態或招式的運動，當我們想要記住這些動作的時候，鏡像神經元都會很努力地工作。

運動和鏡像神經元的關係，不只具有單純模仿的意義，也代表著溝通。人可以透過身體的動作，也就是姿勢、手勢來進行溝通，鏡像神經元的存在具有很重要的影響。此外，人可以具備語言能力，鏡像神經元也擔任了極為關鍵的角色。

「瞬間微表情」，洩漏對方真實心聲

「情感起伏」與「鏡像神經元」間的關係更為重要。笑臉、哭臉等表情是世界共通的，鏡像神經元對於這些臉部表情也有所反應。[60]表情變化是由於臉部表情肌肉的動作而產生；當我們產生「喜怒哀樂」等情感起伏時，會使表情肌肉有所活動，而表情肌肉又緊連著皮膚，所以能配合各種表情而產生細微的變化。

精神行為分析學者保羅．艾克曼（Paul Ekman）指出，人對於環境變化，僅在二十五分之一秒到十五分之一秒（約〇．〇五秒左右）就會產生瞬間反應，臉部也是在一瞬間表現出情感起伏[61]；透過讀取表情，可以推測對方是何種狀態。艾克曼首次闡明了臉部表情並非依存於文化，而是人類共通的普遍特徵。[62]

和人種或民族沒有任何關係，人類都會瞬間於臉上顯現多種微表情，例如憤怒、嫌惡、害怕、喜悅、悲傷或驚訝等等；換句話說，基本情感起伏成為臉部表情，這和無意識中會呼吸一樣，是全人類共通的先天特質。

前面說明了運動和鏡像神經元的關係，而當觀察其他人承受疼痛的狀況時，觀察者的鏡像神經元會產生反應。不只是疼痛，觀察到愉快、不愉快的狀況都會有反應。也有實驗結果顯示，共感力高的人，他們和情感起伏相關的鏡像神經元系統，其活動較為頻繁、活潑。

也就是說，只要腦部沒有異常，每個人在無意識中，都能或多或少掌握一些他人的心情。鏡像神經元的運作，是人類的一種特性，讓我們能夠去了解、體會他人，並且受到信賴，這對於事業的成功與企業的存續實在相當重要。

從以上這些內容可以理解到，即使道金斯所說的「模因」並無實體，「大腦創造文化、文化創造大腦」這一點仍是對的。並且，語言是重要的存在，是守護文化的關鍵。

文化與一個國家的日常生活直接關連，所有社會經濟活動或潮流在無意識之中都受到許多文化上的影響。雖然以「文化」一詞來概括，但其中的構成要素非常地多元化。比方說民族、宗教等社會要素；政治、法律等制度要素；地形、氣候等地理要素；貧富差距或公共建設等經濟要素；除了以上這些基礎文化要素以外，飲食文化、服飾文化或企業文化也包含在當中。

企業文化是由人傳播給人。上司對工作所抱持的態度，無意識中會傳達給部下；在此也警惕我自己，希望大家都要留意，別在工作場所製造不良文化。

從企業來看的話，市場（消費）文化和事業（經營）文化就像是汽車的兩個輪子，相互影響著企業活動。市場文化是在一個國家市場中與人們生活相關的文化，與消費者的購買意願或購買行動有密切的關連。事業文化則是在一個國家的事業機構中，與人們工作方式相關的文化，與公司組織中的領導能力、人際關係和動機幹勁等有所關連。

當然，在思考企業的全球化發展時，著眼於市場與文化，以及事業與文化之間的接

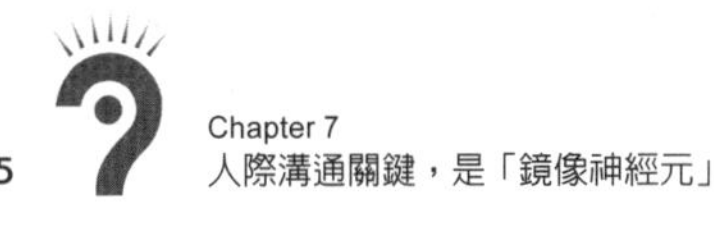

點是非常重要的。如上面所敘述的一樣，大腦的周邊環境會改變大腦，而大腦又會改變環境，也就是改變文化。

「神經元行銷」，製造「共感」新手法

鏡像神經元在我們的人際關係中也擔任重要職責。如果同時給一群人觀看一段影片，他們會發生相同的鏡像神經元反應；也就是說，這段影片中的某些要素能引起人的共感現象。此外，也存在著只對特定資訊反應的神經元；例如腦中有一個特殊的神經元，僅在看到美國女演員荷莉．貝瑞（Halle Berry）的圖片時會產生反應。63

換個想法，若可以掌握鏡像神經元對影片的哪個場面產生了大反應，就可以評價那部影片；例如不透過問卷調查來評估電視廣告、電影或連續劇，而是透過測量腦部來掌握觀眾感受。與利索拉提教授一起進行鏡像神經元研究的義大利腦科學家馬可．亞科波尼（Marco Iacoboni）教授提出，觀看電視廣告時，鏡像神經元的高度活動表示人們間有一體感與親和感，因為鏡像神經元系統的活動量是與他人有多少連帶感受的指標。64

在美國的腦科學研究中，經常使用超級盃（美式足球的年度冠軍賽）期間的電視廣告做為題材。因為超級盃的收看人數光在美國國內就有一億四千萬人，世界各地合計起

來也有上億的觀眾，因此播放的電視廣告最具有驚人影響力，也有排行榜網站固定提供這些電視廣告。[65]

包含贊助商在內，對於廣告製作公司來說，這個一年一次的盛大活動也是決勝關鍵，因此當然會在製作過程間進行各種嘗試，包括試映在內。這樣的話，活用腦科學來測量廣告刺激人腦、使人愉快的程度是絕對需要的。因此，有很多美國的腦科學論文會以超級盃廣告為題材。

或許期待企業為測量腦部看到廣告的反應而撥出大量經費，是頗為困難的事情。好在研究者們也懂得與企業合作，由他們分擔學術研究的職責，而其成果除了能發表為正式論文，更能活用在廣告製作的實務上面，企業也樂得支援研究費用。

在日本，普遍追求低價格但能取得確實評價的腦部測量手法，然而這並不是只靠市場行銷公司或廣告代理公司等企業所可以實現的。毫無疑問的，這屬於需要企業和研究者進行合作的領域。

如同利索拉提教授所說的一樣，鏡像神經元讓我們可以在一瞬間理解他人的情感起伏，而了解情感起伏對於在複雜的人際關係中要達到共感，是必要條件。不斷累積這些相關的研究成果，可以讓「神經元行銷」（neuromarketing）有大幅進化的可能性，為此需要積蓄更多與情感起伏相關的腦部資料。

筆者的研究團隊也受到數家企業的協助，收集廣告的影片資訊，測量觀看這些廣告時的大腦數據，並累積保存這些資料，和研究者們一起致力於解析。

讓客戶大腦愉悅的「款待」藝術

在這一章的最後，想針對日本的文化象徵之一，同時是二〇一三年「新語・流行語大賞」之一的「款待」（おもてなし）與鏡像神經元的職責進行說明。

日文中所謂「款待」，是招待、接待的意思，等同於英文的「hospitality」（殷勤招待）的意思。可是，當中也含有無法完整說明的深厚含義。

所謂的「款待」是對於每一個個體，我們都要站在對方的立場，為了使他感覺開心、獲得滿足而努力表現；並且要遵循日本的「侘寂」美學——不是刻意做出顯眼、引人注目的關心動作，而是為對方提供不知不覺但最為美好的「現在」。

從大腦的角度來看，這就是做一些可以滿足對方的大腦，進而引起愉快情感起伏的事情。資生堂就針對「款待」，進行了十分有趣的腦部測量實驗。[66]

資生堂的美容顧問將商品遞給顧客時，絕對不是用單手，而是將商品放在其中一手，另外一隻手加以輔助，用雙手將商品交給顧客。那麼，用單手或雙手來遞交商品，顧客的腦部反應有哪些不同呢？

在心理評價中，用雙手遞交當然比單手更讓人感覺有禮。實際測量腦部後，的確發現到單手或雙手遞交的狀況下，大腦的反應不同。用雙手遞交時，大腦中與鏡像神經元系統密切關連的部位產生了較大的反應，這是顧客的腦部對美容顧問的「款待」行為產生了反應，表示美容顧問努力傳達的「款待」心意，能夠傳達給顧客。雖然說這是經過不斷訓練的接客對應，但這樣的細微改變就能讓顧客的心產生變化，創造出滿足感、愉快舒適感。

似乎只在東方國家有這樣用雙手遞交的習慣，對於沒有這項習慣的歐美人來說，或許不會產生相同的大腦反應。可是，在顧客沒有發現時做到體貼顧客的舉動，顧客的腦部仍會在無意識中有所感覺。

為何商務場合要注重服裝的整齊體面呢？這是為了不要讓對方的腦部產生不愉快情感起伏。如果是私下的裝扮，不管是華麗誇張或邋遢頹廢，只要自己不在意，或是不在乎他人的眼光，怎麼打扮都不要緊。但是商務場合的穿著不是為了展現自己的時尚，重點在於不要讓顧客或交涉對象的腦部感覺不愉快。一旦發生不愉快情感起伏，就會採取相應的行動。換言之，為了擺脫不愉快的狀態，可能會表現出憤怒情緒、當場進行擊退，或是盡快結束談話，想趕緊脫離現場。

話題回到商務場合的穿著。不管身上的服飾多麼昂貴，若領帶拉得鬆鬆的、襯衫的第一顆扣子也打開，自己或許覺得好像電影裡的時尚裝扮，但在現實中還是別這樣做比較好。因為有些人或許會在意這些部分，又或者對方的意識雖未察覺，腦內卻引起不愉快情感起伏。關於商務上的穿著，重要的不是自己照鏡子之後覺得帥氣萬分，而是你的裝扮不會讓顧客在無意識之中感覺不悅。

「神經傳導物質」，誘發行為的隱形力量

大腦會分泌多巴胺、血清素（serotonin）等數十種化學物質，在需要對身體傳達訊號時釋放出來；這些化學物質擔任非常重要的職責，統稱為「神經傳導物質」（neurotransmitter）。

「多巴胺」和大腦的「報酬」功能有緊密的關連。吃了美味的點心，想要再吃一個的時候，正是多巴胺產生了作用；此外，不想要再次經歷負面體驗而做出迴避動作時，也是受其影響。對於腦來說，不論是正向報酬或負向報酬，只要感覺到有反複進行的價值，就會分泌多巴胺。

負責降低不安的神經傳導物質是「血清素」。因為壓力等因素造成血清素分泌降低的話，會增加罹患憂鬱症的風險。

由於人種、性別和遺傳差異，每個人的神經傳導物質分泌量也各有不同。比如掌管競爭、暴力和攻擊的「睪固酮」（testosterone），男性的分泌量比女性多出十倍；相反地，掌管同理心或信賴的「催產素」（pitocin），則為女性的分泌量較多。

此外，細胞的「受體」（receptor）——接受前述化學物質的刺激，接收訊號送入細胞內的構造——也會因為遺傳而有不同。比如說，日本人和歐美人的血清素受體就有所不同。

神經傳導物質的分泌量和受體類型的差異，都會影響情感起伏，最終產生的決策或行動也不會一樣。「大腦因人而異」——在商務上一定要理解，受大腦影響所產生的情感起伏反應，也會因人而異。

腦內化學物質，對情緒影響大

「多巴胺」或「腎上腺素」這些詞彙，是否平常就經常聽到呢？或許有人會想起在動作片標語或廣告文宣上看過這些文字。可是，如果要你回答它們是什麼，可能只會想到是和腦有關的化學物質，而做不了詳細的回答。

一般認為腦中分泌的化學物質有數十種，統稱為「神經傳導物質」。其中有三大物質——血清素、多巴胺、去甲基腎上腺素——在體內擔任特別重要的職責。目前學界還未完全了解各種神經傳導物質的影響為何，可是我們知道其中有些化學物質會劇烈影響人的情感起伏，以及因而產生的愉快或不愉快情感起伏行動。

當然，商務應用上不需要了解全部的傳導物質，但是全然不懂也很危險，甚至可能做出重大的經營判斷失誤。本章為大家介紹幾種代表性的腦內化學物質，若能吸收理解其作用，相信能為讀者帶來益處。

先提醒大家注意，這些神經傳導物質於腦中的分泌量會因性別、人種而不同，但也有全人類共通的部分。因此，接下來各位所閱讀的內容並不是適用於所有人身上，敬請理解這個重點。

「血清素」能減輕「悲觀」

「血清素」是控制不安的腦內化學物質，也被稱為不安消解物質，是與人的氣質（內在人格特質）有關的一種代表性神經傳導物質。當感覺不安時，血清素分泌量會減少；研究指出，當血清素的分泌量過少時，可能增加憂鬱症的風險。另外，自閉症者體內血清素濃度普遍較高，兩者可能有關。

即使數值在正常範圍內，但血清素偏少的人容易有不安、悲觀的傾向——例如傾向於迴避危機、怕生、內向或容易疲倦等等。相反地，血清素多的人則較為樂觀——冷靜沉著、活潑、外向或精力旺盛等等。

最新研究發現，血清素有數種受體類型，並且類型的比例會因人種而異。在全球化的時代，經營企業或安排人事時若不知道這個概念，很有可能造成莫大的失敗。

與血清素傳遞有關的基因稱為「血清素轉運體」（serotonin transporter），分為S型與L型兩種，並可組合成SS型、SL型和LL型。持有S型的人，其不安傾向比L型更強；而SS型又比SL型更容易感覺不安。這三種基因類型的比例，會因人種而不同，日本人中SS型佔六十八．二%，SL型佔三〇．一%；換句話說，日本的讀者們有高達九十八．三%的可能帶有S型的基因呢。

至於美國人則是SS型佔十八．八%，SL型為四十八．九%——SS型的佔比大約是日本人的四分之一，SS型和SL型合計為六十七．七%。兩相比較，日本人擁有傾向不安的基因比例較美國人高出一．五倍。

實際上真的有這麼大的差異嗎？二〇〇五到二〇〇八年間，有個全球性的「世界價值觀調查」，其結果證明了人種間的不安傾向差異。

這項調查使用問卷（主觀調查），以了解不同人種在社會科學領域的各種價值觀上有何不同。其中關於「風險」的回答中，覺得自己不屬於追求冒險或風險的人，有超過七成日本人回答「是」，傾向迴避風險的比例為世界第一。順帶一提，同樣答「是」的法國人將近五成、美國與英國人都是四成多、韓國人佔三成以下、印度人則為二成。當然，因為是主觀評價，因此有可能受到當時經濟狀態、文化發展程度或社會保障制度差異的影響。

再看另一個「國民性」評價調查，於五十個國家中，日本國民的「迴避不確實性」被評為九十二分，是傾向最為強烈的國家。

綜合這兩項調查結果來看，果然可以說日本人是強烈傾向迴避風險的人種。問題來了，如果各位是經營者或主管、身處人資部門或行銷部門，要如何來看待、掌握這項日本人的內在特質呢？

最近經常聽到一些批判，認為現在的年輕人因為害怕失敗或風險而不願意挑戰，或是不積極到海外闖蕩，與當年的自己大不相同。這是真的嗎？說這些話的人，許多都經歷過經濟高度成長的時代，或是擁有願意協助部下承擔、減輕風險的上司，並非是只接受過普遍性在職訓練（on-the-job training, OJT）的人。換個方式來說，這些人可能因為環境的關係，比較少覺得不安，或是失敗造成的損失相對較小。

現在國內經濟成長停滯，進入高齡化社會，還有年金、就業等問題，對年輕人來說充滿許多不安要素。若觀察各年齡層的生活概況，可發現高齡者相對較為富裕；年輕世代與上個世代的所得或資產差距越來越大，造成和他人相比更加不安的要素。

另一方面，企業規範或資訊管理也越來越嚴格。新人剛進公司就要熟記「規範手冊」（哪些事情不可以做、哪些規定必須遵守），或許這是因應時代潮流而無法避免；不過，請問資深員工剛就業時的狀況又是如何呢？如果讓現在的年輕人置身於當年的大環境下，他們又願意冒險到何種程度呢？同樣都是擁有強烈不安傾向的日本人，如果現在的年輕人都不敢冒險，或許是因為冒險只會給自己招惹麻煩；這不是他們的責任，而是創造出這種環境，卻同時吹噓著自己當年冒了多少險、扛了多少風險的世代要負責，難道不是嗎？

無視於國人在基因上擁有如此強烈的不安傾向，而突然將公司的薪資制度、退休制度或人事制度等，調整為實力至上、重視個人評價、定量評價優先（quantitative evaluation）或偏重數據的方向，只是膚淺地模仿、導入歐美經營手法的話，可想而知會發生何種狀況；實際上也有大企業因此失敗了。

日本擁有獨特的價值體系，多數企業長年來都以團隊為推行工作的單位，員工則在其中找出身為組織一員的價值。當這樣的公司突然採用實力主義，或開始比較每個員工的產值，不論是誰一開始都會拼命保護自己；即使出現「個人利益勝過組織利益」的風潮也不稀奇。

當然，在經濟活動國際化的環境中，傳統的不慍不火經營方式應該無法通用了；無法順應潮流變化，就無法在市場上生存。可是，雖然我們一再說明並學習這些道理，人類的大腦畢竟是歷經數百萬年演化才形成現在的構造，僅經過數十年的時間，大腦本質仍不會改變。因此，要確立適合國人的經營手法、組織和評價體系，讓即使擁有強烈不安傾向的國民也能徹底發揮力量，像是透過團隊互助來推動工作、協助個人找出身為組織一員的價值、打造出可以消除不安的環境，這些是非常重要的；特別是建立起開放、互動的團隊合作關係，最為關鍵。

從市場行銷的角度來看，若掌握了「消費者易有不安傾向」的資訊，則可做為開發相關商機的參考。比如說，正因為日本人較易覺得不安，可能推測較有追求高品質保證的傾向，連帶地許多日本品牌也成為高品質的象徵；但是如果不安傾向太過度，為追求品質而拉高成本，又可能影響性價比，這是需要注意的部分。

日本的人壽保險市場規模約為四十兆日圓以上，僅次於美國。而家庭加入率約為九成，意即十個家庭中就有九個已購買保險商品，可說是「保險大國」。[67,68]或許真的是不安傾向強烈的緣故。

正因為不安傾向強，所以在人際關係上會特別關注他人的需要。日本人獨有的「款待」文化——對客人的貼心與關心——追根究柢是希望與他人維持良好的關係，或許也可視為不安傾向基因所造成的現象。

人類用「制度」緩解「不安」

有種社會機制，其實活用了人類擁有的不安傾向，那就是法律、制度等「規範」。大多時候，人們會選擇活在規範的限制中，那是因為知道如果做了另一種選擇，執意違反規範，必須付出相當高的代價。並且，這些限制也是人類為了留下子孫而創造出的智慧。

如果沒有法律的存在，會變得怎樣呢？所謂的公司制度，究竟是什麼呢？由於「制度」的存在，人們會受到很大的心理影響。以企業員工為例，通常會擔心若不遵守制度，就無法受到肯定；不受肯定，薪資就不會提升，甚至有可能下降。從另一個方向，也就是制度建立者——經營者、人事部門的角度來看，則是透過制度的存在，試圖將員工引導到某個方向。最為活用這套方法論的領導者，就是十九世紀的德國首任宰相俾斯麥（Otto von Bismarck）。

俾斯麥一方面鎮壓社會主義運動，一方面又創設疾病保險、養老金等社會保障制度來改善貧困人民的生活，藉此消弭民眾抗爭的背景原因，建立了社會的安定基盤。這套「胡蘿蔔和大棒」政策，也就是「獎勵（胡蘿蔔）」與「懲罰（大棒）」並行的策略，巧妙改變了社會結構；據說也是「胡蘿蔔加大棒」這個說法的由來。

各位讀者可能已經聯想到了，這個政策與第三章介紹的愉快和不快情感起伏有很大的關連。獲得報酬，人類就會產生愉快情感起伏行動；亦即因為想要胡蘿蔔，而產生能要到胡蘿蔔的行動。相對地，給予懲罰會引起不快情感起伏；害怕大棒即為不快情感起伏，為了消除不愉快就會產生「避開大棒」的行動。重點在於「同時」使用胡蘿蔔加大棒，也就是建立起一邊吸引、一邊推動的機制，方可有效地讓人們行動。但不知為何，大部分組織機構只會使用其中一種來建立制度與推行事物，但事實上同時有拉力與推力才易於促成行動。

比如說，在推行節約能源的時候，除了以節能點數做為達到節能標準的獎勵政策，同時對於不關心、浪費能源的人施以增加稅金的懲罰政策，如此雙管齊下，便能促進社會轉為注意節能的趨勢。

這是活用第三章說明的「愉快及不快情感起伏會引起相關行動」的大腦機制，也運用了第四章中關於「損失」的「認知偏差」，及因此造成的人類價值觀特性。比起拿到相當於一千日圓的節能點數所獲得的滿足感，我們對於付出一千日圓稅金的損失感會更加強烈。因此政府不只要實施節能點數獎勵，若能同時執行浪費能源的罰則，將可得到更大效果。另外，用節能點數扣抵一定額度的能源類稅金，也是一個考慮的方向；如此一來，節能意識較高的民眾即可繳納較少的能源稅，同時政府需發放的節能點數也能減少，或許是種可行的方式。

「獎勵加懲罰」的制度結構，或許可用來削減因高齡化社會或醫療進步使壽命延長而不斷增加的醫療費用。發放健康點數給努力維持健康的人，同時提升國民健康保險的自我負擔比率，或許比只提高後者更有減少政府醫療財政負擔的效果。仔細想想，打造健康身體屬於「獲得利益」的一種，可視為增加健康老人家的方法。

當然，設計制度需要專業人士進行全面思考與討論，同時考量愉快情感起伏和不快情感起伏兩個面向；這不只適用於建立國家的法律或制度，也同樣適用於民間企業的人事評價制度。

面對不安傾向強烈的人民，如果無視組織制度等同心理架構，只是膚淺模仿歐美經營手法，建立起大幅增加員工、民眾不安的新制度，將如同前面所敘述的一樣，可能會造成失去積極動機、組織僵化的風險。

以薪資調整制度為例，假設有一份薪資基準表格，B為標準薪資，B^+是增加五千日圓、A^-是增加一萬日圓、A是增加一萬五千日圓，那麼減薪額度要如何設定呢？比如說，和加薪一樣，每一級為五千日圓如何呢？也就是B^-為減少五千日圓、C^+為減少一萬日圓、C則減少一萬五千日圓——如果只看表格數字，僵硬地設計制度可能就會變成如此。

但是，就像第四章所說明的「展望理論」一樣，比起獲得一萬日圓的滿足感，失去一萬日圓的損失感會更加強烈。這樣的話，減薪幅度調成——B^-減少二千五百日圓、C^+減少五千日圓、C減少七千五百日圓，也許就能達到很好的效果。而從C調升的時候，不是調整為C^+，而是躍升到B^-也是可行辦法之一。此外，如果決定降薪和加薪幅度一樣的話，改變評價基準也是一種方法。只不過也要注意相反的情況——獲得一萬日圓的滿足感，並不如損失一萬日圓來得強烈；與減少一萬日圓時所感覺到的衝擊比起來，加薪一萬日圓時的滿足感比較少。

重要的是理解大腦所擁有的特性——有關獲得時的滿足感和虧損時的損失感之間的差異——再來進行制度的評估。薪水雖然是很重要的激勵因素，但只依靠薪水來提升動機仍然有風險。筆者的血清素轉運體也非常可能是SS型或是SL型，因此本書的看法或許也稍微有些悲觀，但在建立制度時，建議還是要考量這些要點；另外，管理階層若擁有這些知識，相信也有助於評價部下的表現。

現在的環境，可以說是管理職受到組織架構或制度束縛，越來越難放手讓年輕的一輩去挑戰風險。為何會受到這些束縛呢？像企業形象、商譽等問題變得更容易被大眾嚴加檢視，的確是因素之一；可是也如同前面的說明，國人在遺傳上本就擁有強烈的迴避風險傾向，如果不能改變這項演化而來的大腦特性，與其硬性革新規章中的束縛感，成為容易讓人不安的制度，不如打造出積極正面的工作環境，或是建立起刺激大腦提升動機、幹勁的制度，這才是更為需要的事。

追求「愉悅」報酬的「多巴胺」

多巴胺是控制腦的清醒狀態，與人的意志力有深厚關係的腦內化學物質，行動動機亦與此有關，若多巴胺不足，則嘗試新事物的意願會降低。多巴胺的分泌量若少，會引起帕金森氏症、注意力不足或多動症等疾病；相反地，分泌過多的話，則可能出現被害妄想或幻覺，引起統合失調症等等。

目前，多巴胺與人的積極性或新奇探索性間的關係已越來越明確。人類的多巴胺受體分為五種，其中之一與新奇探索性有關。像探險家等非常渴望探索新鮮事物的人，他們的這種受體構造和一般人不同，需要分泌一般以上的量才有反應。[69]即使在正常範圍內，如果多巴胺偏少的話，人會出現意願減退、容易放棄或運動能力降低等現象；偏多的話，集中力、樂趣和舒適感都會相對提高。

多巴胺和人類的基本欲求，如進食、性行為有著密切關係。進食時，腦內的報酬迴路會受味道的刺激，而讓人們尋求更多報酬，而重覆進食行動。當人們陷入愛河後，也會刺激報酬迴路而釋放出多巴胺，產生試圖維持戀愛狀態的行動。如果人類大腦缺少這個機能，對於物種存活來說必要的食慾或性慾將無法持續及發生，人類這個物種或許就無法生存下來了。[70]

不過最近的動物實驗發現，**多巴胺的濃度在面臨恐懼時也會增加，可見這種化學物質也是幫助發現特殊變化、刺激情感和警告危險的手段，是引起行動的要素。**[71]這種類型的「基本人腦機能」不會輕易改變，所以我們常在無意識中因為外部的各種刺激而產生反應、釋放出多巴胺，進而產生行動。

多巴胺和康納曼所提出的「展望理論」（第四章）也有緊密關連。在展望理論中，說明了額度相同時，損失情境的價值觀減少量（損失量），會大於獲利情境的價值觀增加量（滿足感）。透過儀器實際觀察大腦運作時，也證明在獲得和損失的兩種狀況下，大腦報酬迴路的活躍部位會是不同的。[72]

此外，大腦在尚未能夠預測報酬的學習初期，在受到報酬的時間點，如果報酬的實際值大於期待值（報酬預測誤差），也會釋放大量多巴胺。而在大腦反覆學習而變得容易預測某件事的報酬後，這種預測誤差變大的狀況，不再出現於接受報酬的當下，而是出現在環境讓我們期待收到報酬時。[73]

例如說，嘗試沒吃過的餅乾時，如果比預想更美味，我們的感受會比平常覺得「美味」時更強烈——這就是「報酬預測誤差大」。因此使得大腦釋放出大量多巴胺，做出再次接受報酬的決策——再吃一片餅乾。

從「吃片餅乾」到「再吃一片」，這串動作是大腦對身體發出命令所產生的結果，並且會留下此時盤子上的「餅乾形狀、顏色」等於「很好吃」的記憶。所以當下次在盤子上看到非常相似的餅乾時，報酬預測誤差會變大，開始釋出多巴胺，而產生想吃的欲求。如果這次一樣覺得餅乾很好吃，「這種餅乾很美味」的記憶就會更加強化。

假如之後在超市或便利商店看到這款餅乾的包裝，並且忍不住買下來，就是因為報酬預測誤差變大，釋放出多巴胺，強烈回想起對於這款餅乾的「美味」記憶，而渴望再度收到同樣的報酬。

在前面的例子中，最初把餅乾放入口中的瞬間等於是受到報酬的時間點，因此這時的報酬預測誤差最大，讓大腦釋放出大量多巴胺，引發重複此項「吃餅乾」行為的決策，而吃進多片餅乾的時候，也是大腦透過「反覆行為」來學習報酬的時候。

對大腦來說，所謂的「學習」，是大腦經由反覆進行某件事情，或是受到某項行為的強大刺激，而強化腦中與之相關的「決策－行動」迴路；當下次再遇到相同刺激時，便可以更快地產生反應。這個機制不僅適用於報酬的學習，受到處罰時也是同樣的。因此，當有了非常討厭的體驗，大腦就會為了避免那項體驗而產生過度反應。

話題再回到餅乾與報酬。吃過多片餅乾後，報酬預測變得簡單，預測誤差不會在接受報酬（吃餅乾）的時間點變大，而是在商店看到這款餅乾、或瞥見它的廣告時，大腦因環境刺激而開始想像後續的行為與報酬——也就是買回去享受到餅乾的美味——報酬預測誤差才會因而變大。

這種於「大腦報酬迴路」的各部位所引起的多巴胺反應，當然不只發生在吃餅乾的時候，也會發生在我們購買商品或接受服務，以及受到顧客肯定、上司讚美或收到薪水等各種場合中。因此了解「報酬迴路」的機制，對商務而言非常重要。

比如說，美國加州工業大學的出馬圭世（Keise Izuma）研究團隊指出，收到金錢報酬和口頭讚賞等社會報酬時，都會促使釋放多巴胺的報酬迴路活性化。[74] 也就是說金錢並非一切，「讚美」也是重要的行為。

「壓力」讓「腎上腺素」調動體能

在醫學上，「腎上腺素」分為腎上腺素和去甲基腎上腺素，和多巴胺一樣屬於「兒茶酚胺」荷爾蒙的一種。嚴格來說，去甲基腎上腺素和腎上腺素的發生部位和作用皆不相同，但為了讓說明更簡單一點，這裡不將兩者分開論述，想詳細了解的讀者可以參考醫學類書籍。

以「五感」為主的感覺器官傳給大腦的資訊中，如果可能產生讓人不安、憤怒等壓力時，會使腦內的「壓力迴路」活化；而其反應流程中，包括分泌腎上腺素或皮質醇等壓力荷爾蒙。腎上腺素能提高心跳數或血壓，讓身體做好進入下個階段的準備；皮質醇則會讓負責供給能量，以對應壓力因子的血糖值升高。[75]

也就是說，當我們感受到不安或憤怒等壓力時就會分泌腎上腺素，作用則是讓人的行動更快速敏捷，以因應決定「戰鬥」或「逃跑」所需的反應動作。

如果是發生戰爭的國家，應該經常會有引起戰鬥、逃跑反應的場合，但現在大多數國家處於和平狀況，日常幾乎沒有需要真正戰鬥或逃跑的狀況。可是，在心理層面卻可能發生被上司責備而惱羞成怒，或是工作上遇到瓶頸而懷抱著無法抑制的不安等情況；或許每天到公司上班的「平穩日常狀態」，反而讓人無法從心理壓力中逃離。其他還有遇到意外、遺失鑰匙或錢包等貴重物品、離婚、失業等各種可能成為壓力要素的風險，充斥在我們的生活當中。

因此，像這樣壓力狀態長久持續，成為所謂「慢性壓力狀態」的話，可能會引起嘔吐、暈眩、疲勞或憂鬱感等症狀，身體狀況也開始變差。比起沒有壓力時，大腦在壓力下無法適當地控制身體，因此容易產生情緒化反應或習慣性動作。此外，藥物依賴和壓力之間也有緊密關連，治療壓力或不安的過程中，也有患者因此對藥物成癮，因此需要謹慎注意。[76]

其實，員工因為精神壓力而請假或「假性出席」(presenteeism)*的問題越來越嚴重。這種職場現象不只發生在日本，歐美也有同樣問題；特別是假性出席，雖然企業並未直接支付醫療費，但有研究試算指出假性出席所提升的企業成本，可達員工就醫費用的二至三倍。[77]如果「壓力」問題變嚴重，企業如何看得重要資產——「人」的健康，就變成相當重要的議題。

二〇一五年三月時，日本經濟產業省發表了二十二間在健康經營上卓越超群的上市公司，並稱為「健康經營品牌」。[78]同年十二月起，所有日本企業開始有進行員工壓力檢測的義務，相信今後還會更加強調企業維持員工健康的責任。

不管怎麼說，只要講到健康經營的機制，難免立刻想到壓力檢測，但是我們還要具備大腦變成何種狀態後會引發精神疾病的相關知識，包括經營者、管理階層、團隊主管、人資部門……都應對此略做理解。當然，醫學上的診斷或治療要交由醫師進行，但如果能擁有大腦與壓力的相關知識，能適當地守護員工健康，相信也能減少公司面對的風險。

加深「信賴」關係的「催產素」

催產素（Oxytocin），也被稱為幸福荷爾蒙、安逸荷爾蒙、愛情荷爾蒙、信賴荷爾

＊雖然抱病上班，但因為健康問題而使工作效率降低。

蒙、羈絆荷爾蒙或利他遺傳因子。這種神經傳導物質正如其別名，具有建立人際關係、以信賴為基礎與他人互動、賦予利他性、加深情感羈絆等效果，相當受到矚目。

比如在最近的研究中，把受試者分成吸入催產素與安慰劑兩組，觀察他們對別人的信賴感是否有差異[79]。結果顯示催產素組很容易相信別人，幸好需要吸入相當大的劑量才會有此效果，現實中應該無法用到跟本次實驗一樣的量。也有研究顯示催產素促進多巴胺釋放的量，對於受到信賴這一點感受到快感，引起為了更加獲得信賴的行動；[80]相反地，感覺不受信賴時會呈現出不快感，使另一種化學物質「二氫睪固酮」（dihydrotestosterone, DHT）增加。[81]

美國加州大學進行的研究發現，擁有某種催產素受體，對於他人較有同理心。[82]此外，美國國立精神衛生研究所（National Institute of Mental Health, NIMH）的研究結果指出，擁有另一種受體的人，則對於獲得他人認同、讚美有較高的依存度。[83]另一方面，當利他性太過度的話，會傾向民族主義。也就是說，可能認為自己的國家、種族，比其他國家或種族來得優越。[84][85]

二〇一四年十月，以東京大學團隊為主，進行催產素與改善自閉症者溝通障礙的大規模臨床實驗；在醫學上也承認這種物質的效用。[86]另外，雖然和信賴度沒有關係，但

根據美國哈佛大學醫學部的研究，使用含有催產素的點鼻藥之後，可以抑制從食物中攝取的卡路里量。[87,88]

催產素還負責在人際關係中加深與他人的羈絆。透過這種物質的分泌，同理心（共感力）會上升；同理心提升的話，彼此間會選擇符合道德的行為，而不會採取敵對或攻擊行為。結果使得人與人之間的信賴度提高，進而建立起信賴關係。這點在商務上具有相當重要的意義，正如本書前言與序章的說明，要滿足顧客的大腦是重中之重，但如何滿足則是有待我們探詢之處。

當然，商品必須具備優秀的機能。並且，經常聽到的QCD（品質、成本、交期）也非常重要，高品質、短交期和低成本是必要條件。可是，只有這樣還不夠。同類商品的機能和品質差異，在如今已越來越不明顯；盡量縮短交期，當客戶習慣後，報酬預測誤差也會變小，會覺得短期間便能交貨是理所當然；壓低成本，與交期縮短有同樣的難題——當客戶覺得低成本是理所當然，即使自家稍微降低價格，客戶感受到的價值也不會很大。那麼，究竟該怎麼做才好呢？

為了長期讓對方的大腦感到滿足，需要建立和顧客之間的信賴關係，因此重點在於避免對顧客的大腦加諸不必要的壓力。壓力會讓大腦分泌腎上腺素或皮質醇，抑制催產

圖 5 神經傳導物質的功用

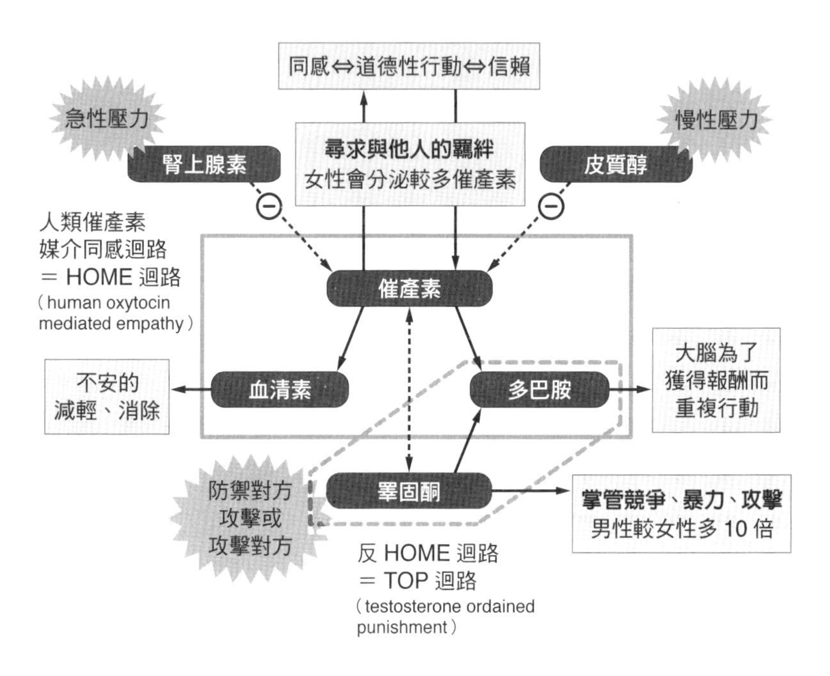

出處：參考《道德博弈》（*The Moral Molecule*，保羅・札克〔Paul J. Zak〕著），由筆者製圖

素的分泌；如果不分泌催產素，將難以產生同理心，也無法釀成信賴感，更難以建立強而穩固的信賴關係。

以上各節簡單說明了重要神經傳導物質的功用，同時以圖5呈現其間的大致關係，供各位做為參考。實際上，人腦與化學物質間的作用當然更為複雜，請各位與專業人士將這張圖表視為理解大略關係的簡化版就好。

大腦決策機制，追求「報酬最大化」

接下來說明這些腦內化學物質與人的決策有哪些關連。不只是人類，像猴子、狗等動物要進行決策時，也是會評估某個行為對「主體」來說具有多少價值、可以獲得多少利益等等。然而人類獨有的決策特色，則可說是徹底明究某項行為對「大腦」來說有多少價值；換個講法，人腦會判斷這件事情對於「人類這個物種的繼續生存」有多少價值，而後進行決策。

當然，如果是該選一百日圓或九十八日圓的麵包、該喜歡帥氣溫柔的美男子或是長相抱歉但幽默風趣的人……像這種決策應該和物種存續沒有什麼關連。可是從整體趨勢來看，人類或動物都會進行讓「報酬最大化」的決策；而且，這是大腦在我們無意識中進行的決策，並不一定和你認為的自我意識一樣。正如同到目前為止的說明一樣，我們有很多決策是在潛意識中進行。

關於購買物品時的決策或大腦的功用，前面已經提過加州工業大學蘭格教授團隊的看法；另外關於決策、行動和學習時的腦內活動，沖繩科學技術大學的銅谷賢治（Kenji Doya）教授已針對大腦各部位和不同神經傳導物質之間的關係，提出以大腦系統的觀點所闡述的論文。[89] 以下將參考這篇論文，說明如何由商業的觀點來活用決策機制與神經傳導物質。

在蘭格教授的模型中（參照第九九頁）。當中有「把握現狀」、「評估價值」、「選擇行動」及「評價結果」這幾項程序。前述程序中，有三大系統分別受到──多巴胺、腎上腺素、血清素──的劇烈影響。

銅谷教授彙整的大腦決策機制論文中提出，關於人們日常生活中的決策，會根據每個人／大腦而有不同的特徵，特別是①對於報酬的價值觀、②對於機率的價值觀、③對於時間折扣的價值觀；每個人對於這些價值觀的傾向或程度皆各有不同。

「價值」高於預測，刺激多巴胺分泌

首先說明「價值函數」，這顯示出對於獲得的「報酬」所感覺到的價值觀。康納曼在展望理論所提出的圖表（參照第一三九頁）也有說明，圖6(a)即為其中的第一象限。

這個價值函數系統關係到人的希望或需求，神經傳導物質多巴胺與此有深厚的關連，報酬預測誤差的大小會影響多巴胺的分泌量。

在圖6(a)中，有三條曲線。假設有人保證每天會給你十日圓，但你可能不會特別覺得珍貴，此時的價值感即為圖中最下方、幾乎接近水平線的狀態。但如果是每天給你

圖 6 價值與報酬的關係

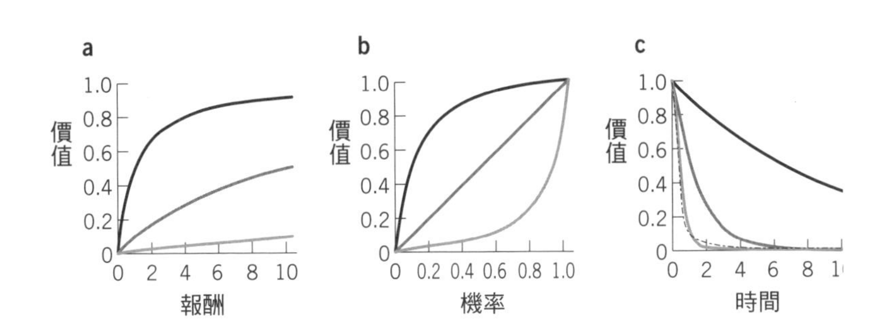

出處：參照 Doya, K., "Modulators of decision making", *Nature Neuroscience*, Vol.11, No.4, April 2008, pp.410-6 以圖表顯示價值與報酬的關係

一萬日圓，則可能是圖中最上方的陡升曲線或中間的走勢，畢竟價值感會因人而異。此外，已經存到一億日圓後再領一萬日圓，和什麼都沒有時獲得一萬日圓，所感受到的價值、喜悅想必有極大的不同。

報酬預測誤差的大小會因人而異，更正確地說，會因為大腦、周圍環境、主體決策瞬間的身體狀況（肚子餓、頭痛等等）而有所不同；因此圖表上的價值感走向也不會全都一樣。設置參照點的條件（圖表上的原點），是觀看這個圖表的重點。

以商務角度來說，如果不能掌握對方大腦的現在狀態，只是隨意提出價值，效果會比預期來得低。這裡所說的「價值」，當然不是單指價格而已，像機能或設計品質等無形價值也包含在內。要如何思考實際的函數雖然很困難，但固定某種條件來進行假設性的檢討則是可能的。

挑戰「風險」，腎上腺素激增

進行決策時會煩惱，是因為無法肯定某個現象一定會發生，在現實中並沒有百分之一百的完美狀況，因此要為不確實的事或風險做好準備。當有可能發生最糟糕狀況時，人們會試圖讓損失降到最低，為此進行將預期的最大損害減為最小化的戰略，也稱為「極小策略」。

各種保險，正是捕捉了人腦此類戰略特徵的商品。火災、意外傷害、生病住院等等，雖然是平常很少發生的事情，但我們無法斷言這些災禍不會發生在自己身上。因此，為了在這些事情真的發生時，可以讓損失最小化，人們願意購買保險。

每個人在評估不確定事件的發生機率時，也各有不同；有人評估得比客觀機率高，有些人則有低估的傾向。

以購買大樂透為例，獲得最高獎項的機率是一千萬分之一，與實際上九四四四億日圓銷售額比起來，支付的獎金為四三九五億日圓，為銷售的四十六．五％（二〇一三年度[90]）。再以交通事故為例，汽車出意外的死亡機率約為一萬分之一[91]；如果持續開了五十年的車，遭遇死亡事故的機率是〇．三％，換言之，每三二七人中有一人會遇到這份不幸。[92]

像這樣檢視客觀數據的話，就會發現樂透中大獎其實非常困難，車禍可能性比想像中高。可是，大數人都會夢想著也許這次會中樂透，或是認為自己絕對不會遭遇事故。

像這樣對於不確定事件或風險的決策，與去甲基腎上腺素的分泌有關，此外，血清素也有所影響。當有壓力時，人體會分泌腎上腺素，而抑制催產素，結果亦有抑制血清素分泌的傾向；大腦很可能是根據神經傳導物質的比例來擬定迴避不確定事件和風險的戰略。腎上腺素和血清素的分泌量會因人、因腦而異，一般來說女性的催產素分泌量會比男性來得多，所以說女性對於不確定事件和風險的看法較為慎重，也是反映了男女大腦構造的不同。

圖6(b)最上方的上凸曲線，代表評估可能性時容易高於客觀機率的人；最下方的下凹曲線，則代表評估傾向低於客觀機率的人；正中央的線則是差不多按照機率思考的人。但我們的想法會落在哪種曲線上，又會因獲利（大樂透）或損失（車禍）而呈現不同的價值觀，更別提每個人、每個腦的感受都不一樣了。

大腦傾向低估「未來」

今天可以拿到一萬日圓，和一星期後可以拿到一萬一百日圓，你會選擇哪一個呢？以目前低定存利率的狀況來看，一百日圓是相當高的利息，應該是划算的，但應該還是有人選擇今天就能拿到一萬日圓吧。

血糖值高將有罹患糖尿病的風險，但正在減肥的你面前有著美味的蛋糕。吃下蛋糕，將來有糖尿病的風險或許只有一點點，但的確會因此增加；可是，只要吃下這塊蛋糕，目前的空腹感以及對於糖分的渴望都可以獲得消解。只要認為現在獲得口腹滿足的價值比未來可能不發生糖尿病的價值更高，應該就會選擇今天吃下這塊蛋糕，以後再來減肥。

人類都有低估將來價值的傾向；可是這個程度會因人、因腦而異。此外，也會因為外在環境、內在身體狀況而有所不同。但**如果讓大腦學習「將來的價值」，將可進行更實際的評估**。

以牙周病為例，有很多老人家因此牙齒全都掉光，日本人對於牙齒健康的意識比歐美來得低，普遍不了解牙周病的可怕之處。原本應該要從年輕開始好好照護牙齒，但因為不清楚牙齒在老後的將來價值，便憑藉著年輕時牙齒健壯，而疏於護理，把時間和金錢花在現在看來比較有趣的事物上。

在歐美，從小時候便培養確實照顧牙齒的習慣，因此有很多人即使八十歲仍能用自己原本的牙齒進食。但日本人的話，八十歲還留有二十根以上殘存齒的人，一直都停留在四成；實際上每兩人就有一人在八十歲的時候，牙齒已經少於二十根。

根據德國漱佳（Oralcare）公司調查，在預防牙科疾病的先進國家瑞典，因政策推廣使得國民定期至牙科接受預防診療的比率為九十％，日本則僅有二％。兩國的牙齒保存率及牙周病罹患率也差異甚大，據說現在三十歲以上的日本人，八成都有牙周病。[94]此外根據日本獅王（Lion）企業的調查，在瑞典知道預防牙科存在的人約是五十九％，但在日本僅有二十％。實際到預防牙科看過診的人，瑞典有六十九％，相較之下日本只有二十六％。[95]

如果在孩童時期便確實培養起護理牙齒的習慣，或許能確實地理解牙齒的價值、牙周病對未來人生的影響等等，應該不會再低估牙齒健康的將來價值。你知道嗎？牙周病菌除了可能導致肺炎或心臟病，在日本大學落合邦康（Kuniyasu Ochiai）教授領導的研究中，亦得知在牙周病菌繁殖的過程中，會活化潛伏的HIV（愛滋病毒）。[96]若是沒有這些知識，就會非常輕忽牙齒未來的重要性。

此外，年齡增長後失去牙齒，可能無法享受美食、無法口齒清晰地說話或是有口臭等等，而減少享受外食或是說話的樂趣，從促進大腦活動的觀點來看也不是好事，對失智症等有不良的影響。別以為裝假牙便沒有問題，假牙的清潔也非常重要，而且可以用自己的牙齒吃飯、說話還是截然不同的。

如果不透過一些形式來學習這些知識，便不會清楚自己牙齒的將來價值而予以低估，最嚴重的結果不只是失去牙齒的健康，連大腦的健康也無法維持。

像這樣，把「將來價值」的評估予以數值化，就稱為「時間折扣率」。聽起來是個很難的名詞，但簡而言之就是以某個事物為評價目標，比較在某個時間點和未來的評價，所表示出的折扣率。以剛才的牙齒為例，大部分呈現目前的折扣率高，而將來折扣率低的狀態。理解大腦會把將來價值打折扣的這項特徵，不只是對本人，對社會來說也是一件有益的事情。

時間折扣函數同樣也會因人、因腦而異，如果可以透過教育而改變大腦的話，也能改變代表自己想法的時間折扣曲線。請看圖6(c)，有人會像圖中最下方的曲線，嚴重地低估將來價值，也有人的想法是最上方的線條，不會太過輕視將來價值。

此外有些特殊狀況，比如說有毒癮的人，會過大評價現在，且無法評估將來而導致持續攝取藥物。只是這並非尋求快樂的報酬，而是因為藥物使多巴胺分泌，才一再重複攝取的行為。

不只現在和將來價值的比較可以適用時間折扣函數，像午餐是去便利商店買個三明治簡單吃一吃，還是和同事到需要稍微排隊的時尚餐廳慢慢享用，這當然會因狀況而有不同決策。

這種時候，現在與未來的時間差異並不大，但會考量其他價值因素，像是餐廳和便利商店的食物美味差異、在餐廳和同事愉快享用美食與在座位上吃速食的心情品質差異……。更重要的是，別忘了「午休時間有限」的制約[97]。如果沒有時間限制，大多數的人可能都願意和同事一邊開心聊天一邊用餐。當然，除此之外還有很多影響價值判斷的要因。

在商務上重要的地方是，除了理解哪些是因為時間折扣會有變化的要因，在評估與時間折扣有關的價值時，也需考量可自由支配的時間或資金等限制條件將有多少影響；如果沒有這些限制條件，理所當然地決策結果也會改變。考量限制條件，並思考如何解除這些束縛，就是商務上的重點。

短期間劇烈變化，讓大腦容易記憶

在進行決策時，存在於腦中的價值函數、機率函數、時間折扣函數的三個系統，分別擔任何種重要角色，相信大家應該有所理解了。

為了獲得價值而付出越大的努力，大腦的期待就會越高。在期待值高的狀態下獲得的價值卻不如預期，也就是「報酬預測誤差小」的話，重複進行那項行為的學習效果就會變小。報酬預測誤差會因為每個人的外在環境、內在生理條件而有不同的參照值，大小也會因此產生變化。

此外，對於價值的評估也會因為獲利或損失而變化。損失的時候，反應會比獲利時更敏感。請回想「展望理論」所提出的S型曲線，不要忘記：顧客所下的決策，隨時都是透過這種心理機制在判斷損益價值後，而決定行動。

大腦儲存著各式各樣先天或後天的資訊，這些構成認知偏差，對於不確定事件或風險的決策有重大影響。人們並不一定可以採用客觀機率做為判斷要因，相反地，如同先前所述的各種認知偏差，因事物的類型，可能出現過低或過高評估的傾向，這才是切合實際的看法。

並且，在商務的決策場合中，都是和獲利或損失有關的決策。不論哪一種都必定包含不確定事件或風險，因此，必須要經常自問自答：「我在決策時，做到多少的客觀自我檢視？」此外，遇到無法決策的狀況時，在客觀判斷之後，思考是否資訊不夠，或是自己有無執著在損益上而無法客觀，如此了解狀況也是好的。

在預測可以獲得多少價值時，可以多早獲得也會讓大腦反應不同。基本上，人類會有過低評估將來價值的傾向；但可以透過教育讓大腦學習適切的知識，以提升將來價值的評估。

關於讓大腦學習，有一個重點：**對於短期間內的大變化，大腦容易留下記憶，學習速度也快**；但對於只會緩緩變化、且過程難以令人察覺的狀況，或是完全無法意識到的變化，則難以期待學習效果。

例如大樂透中了一萬日圓，就會讓人記得很清楚；但過去十年放在銀行裡的一百萬日圓，所累積的利息達到一萬日圓時，你很可能根本不會發現這件事。但就像前面的敘述，再次中樂透的機率雖然很低，但剛中樂透這件事情會引起強烈高估機率的認知偏差；至於累積利息，則是緩慢到讓人無法查覺其價值。也就是說，要讓自己意識到「某事」的時候，要訣在於如何讓變化「顯而易見」。

進行決策時，回顧過往的習慣是極為重要的。只是，也要一併回顧當時的狀況或環境等條件，否則只是造成偏差。因此，寫日記、記錄行事曆或留下會議紀錄等工作，在回顧時都能發揮重大的效用。此外，在決策前要盡可能地「客觀化決策事項」。為此讓我們培養站在對方立場思考的習慣吧！想像自己是顧客、消費者、上司或部下，實踐時雖然不容易，但這些都是筆者以及商務人士們需要銘記在心的重點。

腦科學衍生三大研究，是未來商機關鍵

當預測未來時，必須了解哪些是未來也不會輕易改變的要因，人口動態就是一個典型的例子。

以日本來說，是全世界裡數一數二的少子高齡化國家，也是長壽社會。從當今的人口結構可以很輕易地預測出三十年後的人口狀況；除非有大量移民移入，那麼包含外國人在內的居住人口動態可能會突然產生變化，或因為流行病、戰爭而使得人口銳減。然而從今年出生的嬰兒數量，應該可以大致預測三十年後三十歲的成年人口數量，再加上醫療的日新月異，極端減少的可能性也不高。

如同人口結構的例子，在思考未來大趨勢時，有著幾乎不變化的社會現象，而下列三項是社會無可避免且需要運用腦科學的大潮流。

「高齡化社會」是全球趨勢

首先，以先進國家為主的高齡化社會；因全球化發展造成的高壓力社會；以及因高度醫療進化所產生的長壽社會，造成失智症、腦中風或憂鬱症等腦部、精神疾病的全球性增加趨勢，以及伴隨的社會醫療照顧成本增加。

各位知道日本社會高齡化的速度是全世界最快嗎？從六十五歲以上高齡者占總人口

數七%，上升到十四%，只花了二十四年時間（一九七〇到一九九四年），就進入高齡化社會。[98] 對照其他國家的狀況——德國經過四十年、美國七十二年、法國則是一二六年[99]，可以理解日本高齡化的速度異常地快。

目前預測，到了二〇二四年，高齡者比率將超過三十%[100]，由此很明顯地可以知道高齡者易罹患的疾病將成為社會的整體負擔。據了解，日本失智症患者人數在二〇一二年時是四六二萬人，輕度認知障礙（mild cognitive impairment, MCI）患者約為四百萬人；超過六十五歲的長者中，約莫每四人就有一人是失智症或高危險群。[101] 到了高齡化更嚴重的二〇二五年時，預測全日本大約會有七百萬人罹患失智症，六十五歲以上每五人就有一名患者。

不僅日本苦惱於失智症患者的增加，全球失智症的發生率也是每二十年增加一倍，預估二〇三〇年約有六千六百萬名患者[102]；特別是亞洲患者預估將佔一半比率，約莫是三千三百萬人罹患失智症。[103]

腦中風也是同樣狀況。過去腦中風曾經是死亡原因排名的第一名，雖因醫療體系的努力下降到第四名，卻仍為第五名「意外事故」的一倍以上[104]，並且是需要照護的排行榜第一名，「臥床不起」約有三十%的成因是腦中風[105]。順帶一提，在需要長期照顧服務的人口中，腦中風和失智症患者合起來大約佔了五成。[106]

全世界有一千五百萬人罹患腦中風，伴隨著高齡化，每年發生率上升一・九七%，是死亡原因的第二名。[107]有些腦中風是因為身體其他部位的疾病所導致，雖不是腦出了問題，但最後卻在腦部產生了疾病。

順帶一提，失智症是由於某些原因造成腦細胞劣化、萎縮或死亡，而造成腦機能損傷；腦中風則是腦血管硬化、破裂，發生血栓堵塞血管所引起。

腦部疾病影響生活品質，健腦商機受注目

我們知道憂鬱症或統合失調症等心理疾病，會造成患者的大腦系統運作和一般人不同，但其成因也可能是腦腫瘤或腦血栓，腦部的生理疾病和心理疾病間也可能有著密切關係。

在精神疾病中，憂鬱症等情緒障礙患者較多。日本情緒障礙總患者數在二〇〇八年時約為一〇四萬人，相較十二年前增加了二・四倍[108]，推測實際上還有很多人未接受治療。

實際上，世界各地的情緒障礙患者都在增加，根據世界衛生組織（WHO）指出，全

球憂鬱症患者是人口總數的五％，相當於三億五千萬人。[109][110]不只是被稱為壓力社會的先進國家，也是開發中國家的常見狀況，世界衛生組織認為這是與地區無關的「全球性現象」。

心情低落的狀態稱為「抑鬱」，這是不論誰都會產生的普通反應——缺乏食慾、無法集中注意力、沒有精神、活動的意願減低。一般認為抑鬱起因是身體或精神上的疼痛，最後若演變成憂鬱症，就無法從抑鬱狀態中脫身。

我們常說人是「社會性生物」，之所以能形成社會，人和人之間的溝通交流扮演著相當重要的角色。**當個人與社會的關係不佳，又缺乏適度的妥協就會成為壓力，因此發生憂鬱症**，這樣的狀況無論在世界何處都差不多。

全球人類的生息密度（居住密度）平均為三十九人／平方公里，這和其他動物比起來簡直密集到不成比例，據了解約是其他哺乳類的二十八倍[111]。一般來說，生物的生息密度和體重成反比，越小的動物住得越靠近，若是和人類同樣約為六十公斤的哺乳類，推估其生息密度為一．四隻／平方公里。但日本大約是三四〇人／平方公里，東京則為六千人／平方公里。[112]若和全球平均相較，日本的居住密度為全球的九倍，東京更高達一五〇倍；和其他哺乳類相比時，日本約為一八〇倍，東京竟然高達四千三百倍。

如果是其他生物的話，這種生息密度早就造成族群飽和，演化機制會讓個體數停止增加甚至減少。但人類以技術跨越了自然的阻礙，像能源技術或醫療技術等飛躍性的進化讓人壽命延長，並且創造出地球上每個角落都有人類的狀況。

生息密度高，物理上的距離縮短，和他人接觸的機會也變多，如此一來關係性不佳的狀況也會增加。另外由於網際網路等資訊通訊技術的發達，透過電子郵件、聊天軟體或遊戲得以縮短人與人之間的精神距離感，這部份與憂鬱症等精神疾病之間的關連性已經有了相關研究。[113]

美國密蘇里科技大學的研究者們針對二一六個大學生受試者，收集他們一個月的網路使用狀況進行解析，同時檢測他們的憂鬱症傾向，結果發現約有三成學生達到憂鬱症傾向的標準。這些學生有著以下幾點共通使用特徵：檔案共享服務的使用率高、有頻繁或隨機使用複數應用程式的傾向、線上影片或線上遊戲的使用率高……等等。

當然，我們不會因為這項研究而指稱網路是憂鬱症的原因，或許是原本有憂鬱症傾向的人使用網路之後，開始更明顯地露出這種傾向。即使網路和憂鬱症有相關性，也不是因果關係。

過去的溝通交流幾乎都是面對面，除了言語以外也交換了臉部表情、聲音情緒及肢體動作等許多資訊。在愛迪生發明電話之後，雖然可以和遠方的人溝通交流，但另一方面也失去了言語和音調以外的所有資訊，難以傳達更細微的心情、感覺。因此後來流行起表情符號或貼圖，人類的大腦本就擅長讀取表情，能夠輕鬆處理表情符號的意思。

一般的網路文字溝通難以看見對方的臉部或肢體，亦無法傳達聲色或語調，也就是說可以傳達的資訊量很少，或許會做多餘的推測而變得不安，也可能無視於對方的感受就回答，結果傷害了對方。像這樣的溝通方式，人際關係崩壞的風險提高了，因此有了更多非必要的壓力產生。

反過來說，只要開發出能填補這種溝通鴻溝的方法，人類就能享受更優質舒適的交流。像是具備視訊通話機能的「Skype」、「YouTube」的影片共享系統，或是像「LINE」的社群網路服務（social network service, SNS），這些顯然是彌補溝通鴻溝的成功商業典範。只不過與面對面的交換資訊量來比較，程式能彌補的幅度還是相當有限。相信今後會持續出現提升交換資訊量，或是提高資訊品質的網路溝通工具。

談一點題外話。透過解析網路或聊天內容等等，來理解使用者心理狀況的大數據研究越來越多了。

在美國有個「涂爾幹計畫」（Durkheim Project）[114]，是由全球最大規模的社群網絡商業先驅「臉書」（Facebook）支援。這是用來化解退伍軍人的自殺問題，他們根據退伍軍人的社群媒體或手機資料來開發預測自殺風險的程式，現已正式發布並開始運用。以研究成果來說，雖說這個領域的未知部分還是壓倒性地多，但也算進步到可以透過網路的利用狀況來預測及了解人的心理。

筆者與研究團隊也曾解析社群媒體「推特」（Twitter）上的「推文」，篩選出消費者的心理欲求或不滿等等，從中尋找市場需求或篩選出商品開發的靈感，提供接待顧客等業務改善相關的支援。

推文是一種自言自語，比起想要傳達給別人的話語，更屬於一種自我情感的吐露，可視為大腦情感起伏資訊的一部分，只是轉換成話語被發送出來。因此，解析當下所發表的推文內容，有可能獲得透過問卷或銷售端點系統（point of sales, POS）無法掌握的心理欲求或不滿。此外，將推文的時間點和業績變化等資料統整來看，有時也能看出市場中隱藏的聲音。

從過去的農業革命、工業革命乃至時下的資訊革命，我們可以看到人類擁有其他生物無法想像的技術力。也可以說，這些革命創造出極高的生息密度和嶄新溝通交流方式，人類因此超越了生物學的極限。而我們超越極限的後遺症，不就是顯現為「憂鬱症患者增加」的現象嗎？

極限的超越已經無法回頭，因此一定要集合人類智慧創造出新的應對方法，或是想出求生存的全新技術。醫療高度進步，讓癌症、心臟病等許多過去的不治之症都有可能痊癒，使得人類壽命越發延長。因為醫療或資訊技術而超越生物極限、壽命越來越長的人類，卻也逐漸看到新的限制——「腦部健康」——即使身體上的疾病能痊癒，若是腦部老化或生病也無法擁有舒適的生活。

因為高齡化社會，產生越來越多失智症或腦中風患者，以及因為高壓力社會，而使憂鬱症等精神疾病患者增加——這已是全世界的傾向。腦部疾病患者的狀況、罹病的人數都會持續惡化與增加，而伴隨的復健或照護費用等社會保障支出的增加，則是全球性的問題。根據歐盟（European Union, EU）的預估，這項費用將達到一一〇兆日圓[115]，日本則推測將對此投入二十七兆日圓[116]。因此，藉由腦科學進行病因的解析，確立治療方法是當務之急，「腦部健康照護」可確定是一項嶄新的商業領域了。

全球競爭壓力，追求「心靈富裕」成潮流

接下來必須注目的另一個大潮流，與前面所言有五％全球人口罹患憂鬱症的問題相

關。也就是隨著高壓力社會的形成，對於「富足」的追求，已從物品轉變為心靈，也就是人類的內在層面。

不可諱言地，目前世界上的糧食並非完全充足，仍然有許多國家或區域有飢餓問題。而在經濟起飛的年代，或在開發中國家，人們在溫飽後開始追求擁有汽車、家電、手機、流行服飾等「物品」。這是能因物質感到富足的情況。

可是對於物質欲望已經獲得一定程度滿足的人來說，漸漸出現了追求心靈富饒的傾向？根據內閣府（相當於台灣的行政院）所做的「國民生活輿論調查」顯示，原本約有四成的人會追求心靈富裕，一直以來都與追求物質的人數勢均力敵，然而卻在八〇年代前半開始超越並不斷地拉大距離；當今已有六成以上的人們追求心靈豐裕，追求物質豐裕的人則為三成左右（參照圖7）。

另一方面，同樣由內閣府進行的「國民生活偏好度調查」中，也有調查長期以來國民的滿足度變化，果然八〇年代開始對於生活感覺滿足的人漸漸減少，不滿足的人開始微微增加，不過相較於滿足的減少，這部份的增加率又很小，那到底是什麼增加了呢？這個調查有個特徵是，選擇「很難說」或「不太滿足」的人數大幅增加；也就是說，大多數人並非極端感到「滿足」（satisfaction）或「不滿足」（dissatisfaction），而是「不太滿

圖 7　大腦與心理科學研究趨勢

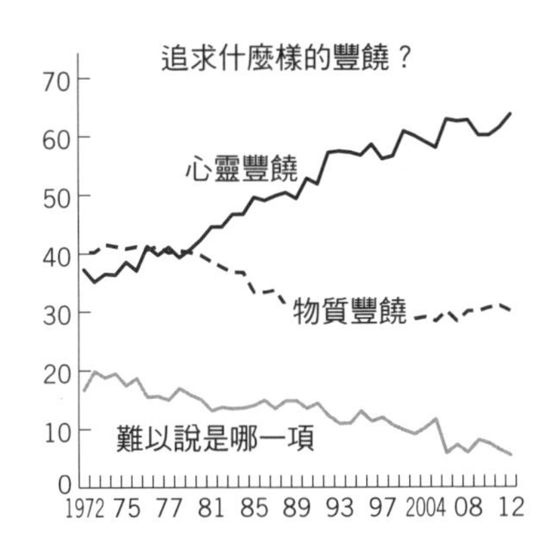

來源：「國民生活輿論調查」，
內閣府大臣官房政府廣報室製作

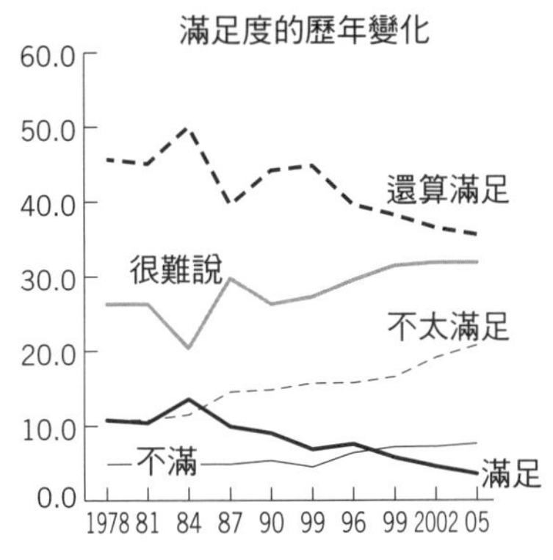

來源：「國民生活偏好度調查」，
內閣府國民生活局製作

出處：《日本消費者為何如此強悍》（三浦俊彥著，有斐閣，2013 年）

足」（unsatisfaction）。

針對這兩項調查，日本中央大學三浦俊彥（Toshiko Miura）教授認為，物質滿足度已無法提供生活整體的滿足。擁有物品，雖然能滿足物質上的享受，但能讓心靈富足的「事物」，卻沒有既定的物理外形可供簡單取得；物質與心靈豐饒程度的差異，是造成「不太滿足」族群增加的一大要因。[117]

換言之，時下有很多心靈未獲得滿足的人，他們無法找到充實內在的方法，結果就不自覺地一直購買商品或服務，無意識中想要填補對於心靈富足的飢餓感。因此，健身俱樂部、美甲沙龍或高級餐廳等場所的購物不再是唯一目的，消費者更關心因為購物而能得到滿足心靈的服務。「款待」或「療癒」等關鍵字之所以受到強調，不正是因為消費者熱衷追求能打動人心的服務嗎？

為了讓人們感到滿足，還有一個重點——消除不滿狀態。這不僅適用於服務業，同樣也適用於物品的購買，銷售服務人員的粗魯、不誠實、感覺不可信、不親切、失禮等行為，都可能成為引發顧客不滿的導火線。其他比方說很難用的手機，當然會增長不滿感；坐起來不舒服的汽車，無法提升搭乘時的滿足感；在家電量販或銀行裡，無法理解服務人員充滿專業用語的說明，當然會感覺不安。當陷入這種狀態時，或許不是對店員或銀行員有具體的抱怨，但可能會因為莫名的不安而產生不滿，某些時候還可能進而引起對於品牌的不滿。

心靈的「不滿」像這樣日積月累，單純獲得物品並無法釀成滿足感。可是，大腦儲存著購買物品或服務而獲得滿足的經驗，所以我們會為了追求內在層面的心靈豐裕，而無意識地想要購買外在的物品或服務，試圖讓這份豐裕更加充足。換言之，提供物品或服務的這一方，則要思考「如何發揮自我效用，才能滿足顧客大腦」。

如何創造出讓大腦感覺愉快的狀態，亦即讓心靈感覺滿足的狀態，是商業領域的重點。不論是製造業或百貨業，都要更重視購買的過程與售後的使用狀況才行。

「社會腦」研究，療癒「不滿足」心理

最近關於人類心靈滿足感的腦科學領域，也就是「社會腦」或「感性腦」的相關研究越來越興盛。

人類的腦大略可分為三層構造——最深處是「反射腦」，又稱為「爬蟲類腦」（reptilian brain），負責自動調整呼吸或心跳等生存基本機能，將這類反射動作的命令傳送給各處肌肉。中間是「情感起伏腦」，別名「舊哺乳類腦」（paleomammalian brain），掌管本能和情感，以及食慾、性慾、愉快、不快、憤怒、不安等情感起伏，並與學習或記憶有所關連。位於最外側的是「理性腦」，別名「新哺乳類腦」（neomammalian brain），分為額葉、頂葉、顳葉和枕葉四個區域，掌管行動、意識、認知、記憶等功能，會根據各式各樣的資訊進行高度複雜的處理或判斷[118,119,120]，這個理性腦可說是最具有人情味的部分。

三層當中的「理性腦」和「情感起伏腦」，是與人類的社會性和感性相關的大腦部位，而調查這些部位的活動或作用，就是「社會腦」與「感性腦」的研究領域（參照圖

圖 8「社會腦」及「感性腦」的研究重點

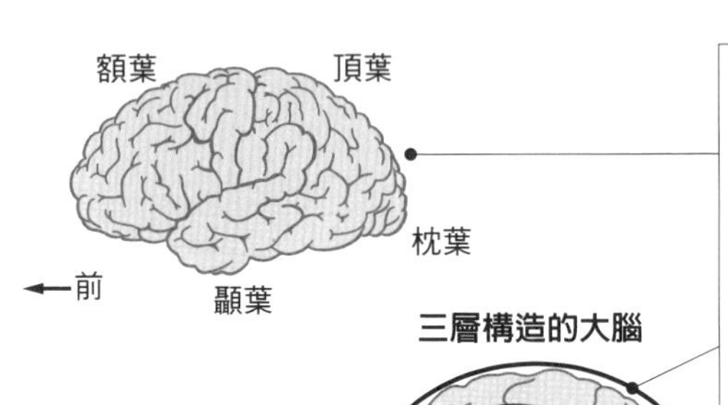

新哺乳類腦（大腦皮質）
也稱為理性腦，分為四個區域。掌管行動、意識、認知和記憶等等，根據各式各樣的資訊進行高度複雜的處理或判斷。可以說是最具有人情味的部分。

與「社會腦」和「感性腦」相關的腦部位

爬蟲類腦（腦幹・間腦）
也稱為反射腦，自動調整呼吸或心跳等生存基本機能，將反射動作的命令傳送給身體各處的肌肉。

舊哺乳類腦（邊緣系統）
也稱為情感起伏腦。掌控本能和情感，以及食慾、性慾、愉快、不快、憤怒或不安等情感起伏，並與學習或記憶有所關連。包括海馬體、杏仁核和扣帶回等等。

出處：筆者製成

8）。

「社會腦」的研究，顧名思義是關於人類的社會性，例如人與人的溝通或信賴感的相關研究。「感性腦」則研究人類對於事物或行動等，在「何時」會有「何種感覺」，像是使用的方便程度、舒適感或質感等等。

這些領域的研究與需求設備，均以歐美國家較為先進且完整，比方在「社會腦」領域要測量溝通時的大腦反應，需有兩台以上的核磁共振成像設備（MRI）同時測量較為理想，但很少有企業或機構擁有一台以上可做研究。此外，鑽研視覺主題的腦科學研究者或許很多，但一併研究商業應用的人卻很少；而像嗅覺、觸覺或聽覺，或是這些感覺器官和視覺的交互影響（參見第六章提到的「跨感官整合」），在商業運用上相當重要，相關研究卻非常少。

如同以上的說明，「社會腦」和「感性腦」研究必定還會繼續發展，相信一定能獲得越來越多關於人類社會性和感性的知識。如何將科學知識轉化為產業運用，聰明地讓企業扮演尖端集團的角色，不被創新的潮流吞噬，將是今後的一大考驗。

「一切連網」，資訊處理需求無限擴大

由於手機或智慧型手機的普及，使用網際網路的人口爆發性地增加。日本網路使用者大約為一億人（二〇一四年）[121]，全世界約有二十九億二千萬人（二〇一四年），每年增加約二億人。[122]連接網路的裝置數量，預測到二〇二〇年為止會急速增加到五百億台，使得二〇二〇年的資訊流通量比二〇一〇年提高一千倍。如今人類每天傳送出的電腦資訊約有 3×10^{18} 位元組，等到二〇二〇年，預測將有 40×10^{21} 位元組的資訊在線路

與電波中流竄。[123]

伴隨著資訊量增加，資訊通訊技術機器與系統的整體消費電量，預測在二〇二五年會達到二千四百千瓦／小時[124]，約佔日本電力需求總量（一兆千瓦／小時）二十％到二十五％左右，是個現在難以想像的數字。很明顯地，隨著智慧型手機或平板電腦等行動裝置，以及汽車、家電都能與網路連接——即「物聯網」（Internet of Things, IoT）的持續普及——因此劇烈增加的資訊流量和通訊基礎設備所需要的能源量，將會是國家成長的瓶頸。解決困境之道正是腦科學。

人類大腦平常所需能量約二十瓦特，相當一顆LED燈泡的能源消耗量，就算正在思考，也僅多耗費一瓦特而已。[125]反之位於神戶的超級電腦「京」（K Computer），其消耗能量是十三百萬瓦（13MW），相當於三萬戶家庭的電力使用量[126]，從這一點來比較就可以知道大腦是多麼地節能，又擁有優秀能力。難怪像IBM、高通（Qualcomm）、英特爾（Intel）等歐美半導體廠商，或是瑞士蘇黎世大學等研究機構，紛紛公開發表模仿腦部的神經型態晶片。

以往的CPU是與迴路內的時脈同步動作來執行程式命令，因此迴路必須經常處在「通電」（ON）的狀態，即使是不做任何事情的怠速狀態也會消費電力。如今IBM等企業正在開發的神經型態晶片，只在外部傳進訊號時才動作，沒有訊號時則處在「斷電」（ＯＦＦ）的狀態，因此不會消耗多餘電力，可以大幅地節省能源。據了解，ＩＢＭ的長期目標是建構消耗電力一千瓦、體積低於二公升、具有一百億個神經細胞、一百兆個突觸（synapse）*的神經型態晶片系統。[127]

專家也有預測電腦的能源效率，估計在二〇二四年會達到與大腦相當的程度[128]。在序章也提過，世界頂尖人工智慧學者、谷歌（Google）研究部門領導者庫茲威爾博士的預言——二〇四五年時，即便全世界人腦能連結起來協力運作，但一台電腦可以容納的人工智慧將比全人類總合更為優秀[129]。未來的人工智慧將如何思考並執行，已經超出人類的預測能力了，這就是庫茲威爾博士說的「技術奇點」。

對於這個奇點的概念，似乎有著贊成與反對兩派，然而如同ＩＢＭ的「認知電腦」（Cognitive Computer）華生（Watson）的表現，不論是猜謎、西洋棋或將棋等遊戲，電腦都開始贏過人類。順帶一提，ＩＢＭ不用人工智慧一詞，而稱之為「認知運算」，意意為從所有資訊中學習，透過和人類的自然對話，支援人類進行決策的運算機器[130]。

* 在神經細胞尖端的突起部分，負責與其他的神經元連接。

此外，谷歌還將所開發的一萬六千個CPU建構成網絡，並搭載模仿人腦的演算法。人類不需要教導任何東西，電腦便能自行從資料庫中學習，並認識什麼是「貓」。這個實驗結果衝擊了人工智慧領域，而他們把使用的技術命名為「深度學習」（deep learning）。

在電腦科學領域有「機器學習」（machine learning）一詞，指的是電腦的人工智慧自動學習應對模式，活用所學結果進行決策，比如透過學習將棋或西洋棋的獲勝模式、敗戰模式，進展為可以短時間進行決策。**機器學習的進化，是開發出模仿人腦神經迴路所建立的網絡系統——「人工神經網絡」（neural network）或「類神經網絡」**。透過這個網絡的多層重疊，可高精準地解析畫像或聲音等複雜資訊，並且抽出其中的特徵；用此系統解決複雜課題的人工智慧技術，就是谷歌的「深度學習」。比方說，大量比較「貓」的圖像與其他資料，從眼睛、鼻子、臉部、身形、毛的顏色或大小等各種資訊中，找出貓的共通部分；也就是抽出貓的特徵，而能認得「貓」這種生物。

東京大學的松尾豐（Yutaka Matuo）副教授指出，人工智慧可分為四種等級（請參照圖9）——

❶按照指令執行任務：比方搭載人工智慧的吸塵器或空調，當室溫上升時空調會自動

圖 9 四種 AI 等級

等級 1　單純的控制（按照指令動作）

・溫度上升的話就開啟電源。溫度下降後關閉電源。
・依照洗滌的衣物重量調整洗滌時間。

等級 2　應對模式非常多（使用搜索或資料庫，按照指令動作）

・探索或推論。在將棋或圍棋中，按照遊戲規定找尋下棋方式。
・知識。比方說使用資料庫，根據檢查結果列出診斷內容或處方藥劑。

等級 3　自動學習應對模式（重點學習）

・機器學習。
・學習當棋子在這個位置的時候，要如何進行下一步。
・學習這個病症和另一個病症相關等關連性。

等級 4　除了學會應對模式，也學習建立模式用的「特徵量」（也要學習變數）

・特徵、外表的學習。深度學習屬於這一級。
・不只考量一枚棋子的位置，而是思考棋子間的關係。
・能考量一連串症狀，並判斷患者的血糖異常造成許多其他病症。

出處：「人工智慧的現在與未來」，總務省智能化加速 ICT 未來相關研究會（第 1 回），松尾豐發表資料，第 6 頁，2015 年 2 月 6 日

開啟，溫度下降後便自動關閉電源，按照命令自動開啟或關閉電源，可自動調整至最佳溫度。目前已有家電搭載這種功能。

❷活用知識資料庫進行探索、推論，並按照指令執行：像是電腦裡的象棋或圍棋遊戲搭載的人工智慧，儲存的應對模式相當多，對人類而言需要相當長時間的計算，有時甚至現實上不可能的事，對電腦來

說都可以在短時間內自動計算所有可能性，並從中找出最佳解答。

❸人工智慧自動學習應對的模式，並找出最佳解答：利用「機器學習」的系統都屬於這個層級。例如讓電腦系統學習過去的棋譜，研究當棋子在某個位置時，下一步應該怎麼走等重點，並練習決策。此時系統不再計算所有可能性，而是要能活用學習結果，在更短時間內列出最佳解答。

❹人工智慧不只學習應對的模式，也要學習形成模式的特徵量與推論方法：「深度學習」包含在這一等級，同樣以下棋為列，電腦系統不只考慮棋子的位置，更要理解、學習棋子間的位置關係，再導出最佳解答。其他應用方式像是從大數據中自動解析、抽出相關的資料，推論相關意涵來支援人類的決策。

不只這四個等級，現在以美國為首，已經開始進行超越「深度學習」的人工智慧研究，即「after deep learning」。當中的一個可能研究方向是人類的「大腦新皮質」，亦即呈現人性的「系統Ⅱ」，以電腦來模仿進行客觀決策的大腦機能。舉例來說，高通公司公開申請的專利即是採用腦細胞概念、較以往更加接近大腦結構的「類神經網絡」。

在「根據特定運算模型的電腦系統」分項裡，查詢「腦科學」的公開專利件數後，

圖 10　腦科學公開專利件數變化

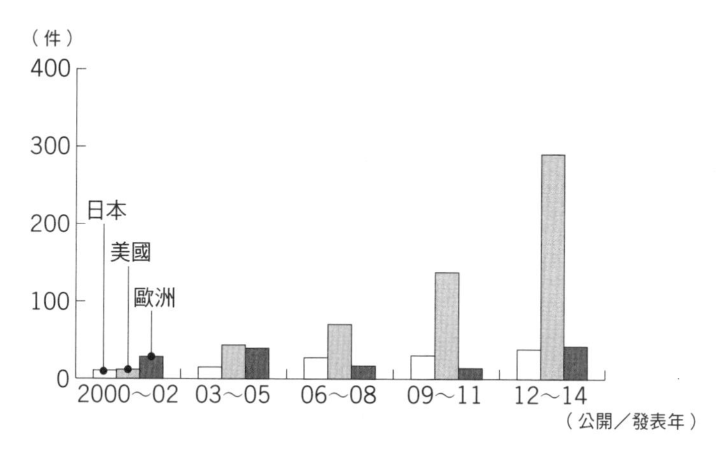

出處：「研究計畫 2014」，NTT data 經營研究所，2015 年 3 月

製出如圖10的變化表。其中美國在這方面的公開專利數幾乎呈指數成長，近年來公開申請的數量更是日本的十倍左右。[132]

本節一開始有提到，今後是物聯網時代，網路上的資料量肯定會繼續增加。思科（Cisco）與許多美國IT企業認為，未來會成為「一切聯網」(internet to everything, IoE)而不只是「物聯網」，他們主張人、物、資訊系統等所有東西都和網路連接的時代將會到來。[133]

根據他們的主張，世上百分之九十九以上的事物尚未和網路連接，並預測從電視機、冰箱到工廠的機器人，將來所有一切都能連網。全都連網或許聽來有點誇張，但現在有些支援人們生活的電器製品、汽車或健康機器等等，已經部分和網路連結了；今後所販賣的機器都擁有上網功能，也將變得理所當然。

如此一來，即使電腦的性能變得更高，但物聯網的進化速度若更快的話，從資訊量、能源量的觀點來看，似乎可預測將有極限到來的一天。也就是說，資訊科技的普及將成為資訊科技進化的瓶頸。更精準來說，隨著資訊科技的普及，造成資訊量和能源量的增加，超出技術的負荷，反過來拖慢資訊科技進化的腳步。

為了解決這個瓶頸，需要更加聰明的人工智慧，並開發出能源消耗量較少的物聯網裝置，如此就會像剛剛所說明的，需要模仿可以用二十瓦特（待機狀態）加一瓦特（思考狀態）迅速進行決策的大腦。

今後腦科學研究和人工智慧會像是車子的兩個輪胎，透過資訊技術做連結，一起推動相關研究。而「人類機器介面」（human machine interface, HMI）——更能深入理解人類，可以讀懂人類心思並順暢支援工作的系統，想必也將出現。

人工智慧是夥伴，還是敵人？

有個假設認為，隨著人工智慧的發達，人類的工作會被奪走而出現失業者。[134] 英國牛津大學馬丁學院的卡爾・弗雷（Carl Frey）博士和麥可・奧斯本博士（Michael Osborne）根據美國勞動部資料，針對因為電腦進化，七〇二種職業分別受到的威脅程度進行分析研究。結果發現行政管理、事務人員、服務業等職種中，有四十七％被歸類為「容易受電腦威脅」的高危險群。

比方說，在律師事務所負責調查判例、在企業中負責調查文獻的調查人員，他們的工作都能由搭載人工智慧的電腦做更快速正確的搜尋，而且是自動化的；因此這類事務性質的工作可能會被電腦取代。

另一方面，根據這項調查，認為難以自動化的工作有以下九項——

與「知覺和操作」相關的職業種類

❶手指的靈活度：需要手指能正確進行協調運動的能力

❷雙手的靈活度：需要兩個手腕協調運動、抓握、操作與組合的能力

❸狹小空間、奇特的姿勢：在狹窄場所的特殊工作、需要長期維持奇特的姿勢

與「創造知性」相關的職業種類

❹原創性：需要奇特發想力、富創造性的問題解決能力

❺藝術性：為演出音樂、舞蹈等創作，而在理論上所需的技術知識

與「社會知性」相關的職業種類

❻社會洞察力：對於他人有共感能力
❼交涉：貼近他人心理、容許差異的能力
❽說服：改變他人意志或行動的能力
❾貼心注意：對同事、顧客等提供情緒上顧慮的能力

可是這些要素真的難以自動化嗎？首先是「知覺與操作」，這其實已用在半導體的自動生產設備，電腦能以微米程度進行控制，現實中已經比人類更可正確地操作。

以下是我在電機廠商擔任設計開發業務時的實例。在某種精密機器的生產上，曾有一項課題是馬達軸心和支撐軸承之間的縫隙，如果不進行微米等級的控制，馬達軸心的震動會超過容許範圍。一開始是由生產線上雙手靈活的女性們，以觸感來確認軸與軸承的組合，假如由我來做的話，實在無法做到如此精密的組裝，但這些女性工作人員卻輕鬆在短時間內做到了微米等級的組裝。可是後來為了削減成本，上司命令這項工程要自動化，因此工程師們進行多次實驗，成功地讓這項精密組裝自動化。這是距離現在二十年以上的事了。

人類最初認為機器無法做到、無法自動化的事，逐漸能夠機械化、自動化，而這是技術與產業進化的表現，今後應該也會繼續實現以前被認為不可能的事情。實際上，美國谷歌公司收購的機器人頂尖企業「波士頓動力公司」（Boston Dynamics）[135]，所開發的四腳步行機械狗，能在地形複雜的山路上輕鬆移動，即使從側面踢也不會倒下，能夠繼續行走。讓這樣的機器像半導體生產機器人一樣執行精密動作，並且極力地小型化，絕非不可能的事，或應該說並不是那麼困難。

在醫療領域中，已經開始由機器人支援手術。「達文西」手術支援機器人可以做到比人類醫生更加精密、細微且迅速的手術操作。目前全世界約有三千台「達文西」持續活躍中，日本到二〇一三年底也已經有一五〇台於第一線發揮作用[136][137]，台灣目前為止也引進了三十台。因此，「知覺與操作」的自動化，恐怕早已不困難了。

說點題外話。前面敘述的例子中，不知是否因為機器狗在受到外力踢擊時，努力撐住避免倒下的樣子過於堅強，許多網民都表示「好可憐」，甚至一時相當熱烈地討論這是否形同動物虐待。[138]這讓我們看到另一個重點，即使大腦清楚理解那是機器人，卻會因為外型或動作而有視同寵物的移情作用。

在日本，原子小金剛或無敵鐵金剛Z等人型機器人，透過動漫畫而廣受人們的認知與接納，甚至外國也有他們的支持者。而好萊塢與世界各地近年也製作出越來越多與人型機器人相關的電影，從這一點來看，人類大腦所具備的情感起伏機能，已經跨越人種或文化而發揮了效用。

另一方面，學術界也認為人形機器人和人類相似到某個程度，會產生恐怖、不大舒服的情感，這被稱為「恐怖谷假說」（Uncanny Valley）[139]，是由機器人大賽的創始者，世人稱為「機器人大賽博士」的東京工業大學榮譽教授森政弘（Masahiro Mori）於一九七〇年提出的概念：「機器人越像人類的話，人類會開始在意兩者間的差異，而產生奇妙的不適感，於是開始對機器人抱持負面情感而失去親近感。」

大腦隨時會在潛意識中判斷對方是否為自己的「同類」，同時又希望自己更加優異有才能，其中的原因就在於人類會追求「身為人類的尊嚴」。這聽起來似乎非常崇高，但說穿了就是——每個人都不希望自己比他者（包含其他生物或機器人）來得低劣；不論是誰都自認有能力，不想覺得自己是世界上最沒有用的人。

由此可回到工作自動化的話題。「原創性或藝術性」真的難以自動化嗎？目前認為具有獨創性的發想或藝術，經常超越了「常識」的界線。如同前面所說明，人類大腦的認知偏差機能會透過「由上而下處理」而發揮作用，因此容易受到常識的侷限。不過人工智慧就某個角度來說，不會具有人類的偏差，反倒更有可能超越人類常識的藩籬，而產生充滿獨創性的發想或藝術性囉？不過也有反向看法，認為就是因為具有偏差，因此可以產生不凡的發想，能靈光一閃地進行決斷。[140]若以這個觀點來看，如何讓人工智慧也能擁有認知偏差，會是個非常遠大的課題。

只是，假設人工智慧真的產生有獨創性的發想或藝術，人類是否一樣會給予高度評價，就不得而知了。一開始或許會因為稀奇而讚賞，但只要那項作品可以簡單完成，理所當然地價值會開始下滑；另外，或許也因「身為人類的尊嚴」，而無意識地貶抑。

另外，假設人工智慧提出具有高度獨創性的發現，但想出如何運用其發現來提供新商品或服務的仍然是「人」。像這樣具有創造性的商業活動，正是人工智慧無法取代人的地方，不是嗎？

知名專業棋士羽生善治對於電腦和人類的將棋對決，認為「電腦的強大，和人類是相異的」[141]，並說：「即使電腦找到必勝法，人類也無法理解吧。因此比起知道電腦如何取勝，以更加有趣的將棋為目標，快樂下將旗才是最好的。」他的話讓我們思考為何人類會發明將棋與其他遊戲、為何要有專業棋士的存在……或許「必勝」並非這些競賽的唯一重點。

電腦或人工智慧是否會超越人類，或許是沒有意義的討論。大家平常所使用的計算機也許無法勝過珠算名人，但其計算能力早已大幅超越一般人，我們的計算能力早已經輸給一台小小的計算機了。

同樣地，人類的記憶力也不及電腦。電腦的記憶容量會按照「摩爾定律」增加，也就是半導體的集成密度會在十八到二十四個月內倍增，並按照這樣的加速度持續成長。若將硬碟等記憶裝置並列連結的話，還可能做到無限增加。此外，人腦會因為年齡增加而記憶力衰退，這點更是不及電腦了。

那麼人類何時可以獲勝呢？在處理情感起伏的相關資訊上，電腦還遠遠落後人類的水準，因此社會洞察力、談判、說服，以及對他人的貼心注意等等，關於「社會知性」相關的要素，或許確實難以自動化。

如前面所敘述，日本在「社會腦」或「感性腦」領域的研究發展有著難以跨越的現實限制，但可以朝著「理解人類情感起伏」發展；因為日本人具有重視「款待」、對人際溝通交流很敏感的民族性，最適合這類研究。實際上，對於一對一溝通時所發生的「共時性」（synchronicity），已經有了許多研究成果。但有些人認為這些研究仍處於基礎階段，並非那麼簡單就能理解人類的情感起伏。雖說還是因所追求的目標而不同，但已經有部分的研究成果活用在商務上面，毫無疑問地有助於加強企業的產業競爭力。

關於人工智慧，還有一般人更為熟悉的議題。電影中經常出現人工智慧為了生存而不願被人類關掉電源，或是認為人類都做一些破壞地球的行為，只要消滅人類，不論戰爭或環境破壞問題都能迎刃而解……那麼人工智慧到底會不會威脅到人類生存呢？還有比方說，在自動駕駛的汽車前方突然出現小朋友，為了躲避而將方向盤向右打，但此時右邊也出現了老婆婆，如此不得不犧牲其中一方的狀況下，人工智慧會怎麼做呢？真的造成犧牲時，責任又怎麼歸屬呢？是由製造自動駕駛的系統商負責嗎？

最近這類的倫理相關議論越來越多，這也凸顯出人工智慧開始受到重用，很多事情在現實中開始成真。然而，這些問題不只要問人工智慧，也要問「人類會怎麼做」。這世界上不存在完美的人類，當下的決策也會因人而異，既然人工智慧是人類所創造出來的東西，就更加不可能是完美的。

至於人工智慧或電腦究竟是人類的夥伴或敵人，可能會極度受到創造者的意圖影響，就像工具在好人或壞人手上也會有不同的運用一樣。此外，人類的工作究竟是會被電腦取代，或是可藉由電腦或人工智慧的力量而提升自身能力，隨觀點不同，答案自然也有所差異。

因為我們只看得到技術以往的進化方式，所以現在選擇的技術進化方向，不見得是最佳選擇。但進化不會停止，我們該如何面對進化，是應該好好思考的問題。

當然，電腦或人工智慧也可能發生非其本意的錯誤決策，再加上處理速度和處理量是人類無法相比的龐大，因此必然有相當大程度的影響，甚至危險到能讓世界情況大幅改變。美國股市曾發生過的閃電崩盤現象，就可證明這一點。

二〇一〇年五月六日，三十間上市公司的道瓊工業指數，在五分鐘以內產生美國股市至今最大的跌幅，暴跌了五七三美元，之後又突然在一分半內暴漲了五四三美元。事件成因是有心人士使用自動程式，進行非常多次的「高頻交易」（high frequency trading, HFT），而美國股票市場有六十％以上交易量，是以超高速進行交易。[142]

人類越是依賴電腦或人工智慧，越無法否定這種問題在各種領域發生的可能性。關於這些問題的資訊收集、檢討與解決對策，或是相關指南、規定等的實行，若由單一企業或業界來應對必定有其極限性，需要從國家等級來擘畫執行。

「透析大腦」，活用人工智慧的基礎

今後，網路的普及和人工智慧的進化，會在所有層面上對社會帶來影響，所預想的其中一個樣貌，就是人工智慧之間的溝通和相互的連結合作，這個合作可能發生在三個地方。

第一個地方是巨大的「雲端」（cloud）超級電腦，負責處理、解析龐大的資料架構，使用者可以將資料送到雲端上，並從雲端接收處理的結果。

只要在這類雲端系統上，安裝處理專門知識或專業資料的人工智慧，就可以迅速且客觀地解決問題。比如說，一個人工智慧具備醫療或健康相關資料庫，另一個擁有法律或判例相關知識，讓兩者合作進行解析的話，就可以導出關於醫療過失的相關問題以及可能的解決對策。像這樣透過雲端的人工智慧讓雲端更加聰明的進化方向，未來絕對會持續進展。

第二個則是「邊緣運算」（edge computing）的概念。並非所有事情都在雲端處理才是最好，前面也有提到，今後網路上的資訊流量會飛躍性地增加，導致資訊處理速度明顯延遲，就算只慢了數百毫秒，如果是發生在汽車的自動駕駛系統或股票買賣系統上，將有引發重大意外的危機。

因此，有必要提升「邊緣」事物的能力，也就是最靠近使用者的裝置，或是物聯網裝置等的運算處理能力，來降低資訊處理延遲的風險。在物聯網能接觸的所有裝置上搭載人工智慧，使得接近終端使用者的處理器也能聰明地計算資訊。美國英特爾公司所發售，如記憶卡般大小的小型電腦「Edison」，即為低價的物聯網時代產物，這也代表了晶片狀的人工智慧處理機能搭載到所有東西上，實現邊緣人工智慧的日子更加接近了。

第三個地方是「網絡」（network），直接看業界實例。以人工智慧實用化為目標的先進企業「Preferred Infrastructure, Inc.」社長西川徹指出，他們並非雲端也非邊緣，而是在「網絡」上存在人工智慧，讓資訊處理達到最佳狀態。舉例來說，智慧型房屋所設置的「家庭能源管理系統」（home energy management system，HEMS），如果加入懂得與人類溝通的人工智慧，便可能進行互動式的管理讓居住者感覺舒適，而且可以節省能源，相當經濟實惠。

單一的HEMS系統或許較接近邊緣人工智慧，但假若是許多HEMS連結成的智慧社群，網絡就會變得更加重要，人工智慧所能發揮的功用也會增加。聰明的網絡，也就是「網絡人工智慧」的建構，對企業來說是十分重要的。而且，雲端、網絡、邊緣各層內的人工智慧將會互相連結交流，甚至與不同層級的人工智慧進行合作，筆者預測人工智慧群的力量會有飛躍性地突破。

在庫茲威爾博士所認為的「技術奇點」之後，或許我們無法再預測人工智慧的發展，但人們的既有概念肯定已經經開始撼動。而在進化不斷加速的狀況中，人類終能拋棄對於過去、現在的堅持，進行以未來為目標的活動從而開創未來。

複雜且深奧的人腦還有許多未知的部份，隨著「透析大腦」的技術進展，腦科學確實地一點一滴解開大腦的不可思議之謎，而現在腦科學所獲得的知識也確實在商業領域上發揮效用。

建構以腦資訊為中心的生理資訊、行動資訊等人類資料庫並加以活用，這毫無疑問是商機的關鍵。從資訊或感測技術的進化速度來看，大腦資訊或人類資料庫的建構將會急速發展，並藉由人工智慧的進化而活用在商業領域。

歐美的跨國企業正試圖活用腦科學和人工智慧所揭開的知識，此外，物聯網的急速普及正在全球化，也變得可以活用這些知識。

如果國內企業仍認為腦科學無法活用在商業領域、需要一段時間實驗才能運用，或是先觀察歐美企業動向再來進行，絕對沒辦法順利乘上腦科學、人工智慧，加上資訊通訊技術（ICT）所創造出來的趨勢潮流。企業積極思考該如何活用腦科學，並且展開行動的時期已經到來。

使用腦科學這把「鑰匙」，打開未來門扉的人正是你。

後語及致謝

postscript

筆者開始投入腦科學商務應用的源頭，可追遡到大約十年前的經歷。當時我正在「NTT data 經營研究所」領導地區和醫療經營顧問團隊，而在地方鄉鎮遇上高齡人口的失智症問題。在那之後失智症的問題日趨嚴重，已成為全球性的難題。

當時在醫療範疇中，腦科學雖被認為非常重要，不過我覺得應該可以運用在更多地方而著手調查。結果發現，歐美的跨國企業早已進行腦科學的研究，並運用在商業領域，反之日本企業還只知道腦科學的基礎研究，更鮮少見到把腦科學活用在商業或社會問題解決發想或行動。

面對現在的全球化競爭，我思考了身為企業顧問要如何才能協助企業活用腦科學研究，而展開了相關行動。為了達成這個目標，我創設了「應用腦科學聯盟」，這是一個創新的開放式產學合作平台，能讓腦科學研究者和民間企業齊聚一堂，而這也是一般日本企業較不拿手的方式。

前一陣子，我開始感覺研究者的思考方式或企業的作為都有相當大的轉變，以年輕一代的研究者為中心，不只是基礎研究，有越來越多的人開始思考如何將腦科學活用在企業商務或解決社會問題。

雖說企業已經比過去更關心腦科學的活用，只不過和歐美相比，聘任擁有腦科學博士學位研究者的企業還是很少，而培植能在企業內部活躍的研究者這方面，腳步也有遲緩難進展的態勢。此外，日本研究者很看重上下層級關係，而腦科學、人工智慧、機器人三個領域的學術機構各自為政，相較於歐美，研究者之間的橫向連結明顯不足。

資訊通訊技術的進化讓社會、經濟、商務或生活持續加速，對日本企業來說已經沒有太多的時間了，不能再覺得反正腦科學研究進展緩慢，所以無需過於擔心。若企業再不擔負起加速的角色，與歐美的水準差異恐怕只會持續拉開，如今的歐美已經是商業技職學校都會提出腦科學相關論文的時代了。

閱讀本書的讀者們，如果能多少將腦科學知識活用在商業或生活上，我將感到無比的喜悅。

在執筆此書時，我受到許多人的照顧，有很多活躍於第一線研究現場的腦科學、心理學、經營學和經濟學學者願意給我提供各種指導，於此由衷致上感謝。此外，我所隸屬的NTT data經營研究所．資訊未來研究中心的顧問們，也提供了許多想法與腦科學知識，真心感謝每一位的幫忙。

這次因為趕不上交稿期限，特別感謝直到最後關頭仍充滿耐心陪伴我的日本經濟新聞出版社田口恒雄先生，真的受到他許多照顧，在此也誠摯地獻上感謝。

最後，我還要感謝幾乎每個周末都讓我能自由自在執筆的妻子與孩子們。

註釋

1．https://www.keieiken.co.jp/can/

2．《心脳マーケティング》（心腦行銷學），Gerald Zaltman 著，藤川佳則＋阿久津聡訳，ダイヤモンド社（鑽石社），二〇〇五年，第七十二、七十三頁。

3．Carl Benedikt Frey and Michael A. Osborne, "The Future of employment: How Susceptible Are Jobs to Computerisation?", Oxford Martin School, September 2013。

4．Dmochowski. J. P., Bezdek, M. A., Abelson, B. P., Johnson, J. S., Schumacher, E. H., & Parra. L. C., "Audience preferences are predicted by temporal reliability of neural processing". *Nature Communications*, 2014。

5．同註2。

6．Petter Johansson, Lars Hall, Sverker Sikström, Andreas Olsson, "Failure to Detect Mismatches Between Intention and Outcome in a Simple Decision Task." *Science*, Vol.310, 2005 Oct。

7．Lars Hall. Petter Johansson, Betty Tarning, Sverker Sikström, Therese Deutgen, "Magic at the marketplace: Choice blindness for the taste of jam and the smell of tea," *Cognition*, Vol.117, 2010, pp54-61。

8．Hsin-I Liao, Shinsuke Shimojo et al. "Novelty vs. Familiarity Principles in Preference Decisions: Task-Context of Past Experience Matters", *Frontiers in Psychology*. 2011.3。

9．Shinsuke Shimojo et al., "Gaze Bias Both Reflects and Influences Preference", *Nature Neuroscience*, 2003.12。

10．http://eneken.ieej.or.jp/data/4942.pdf

11．http://www.maebashi-it.ac.jp/lab/teacher/Design/han.php

12．http://www.studio-han-design.eom/j/news/news.html

13．http://mtmr.jp/ja/

14．《なぜ名前だけがでてこないのか》（為何想不起名字呢），澤田誠著，誠文堂新光社，二〇一三年，第二十三頁。

15．http://www.ieice.org/iss/de/DEWS/DEWS2005/procs/ papers/2C-i6.pdf

16．同註14，第十七頁。

17．同註14，第一二六至一三二頁。

18．同註14，第一二六至一三二頁。
19．http://www.j-cast.com/2007/11/07013076.html?p=all
20．《もの忘れの脳科学》（健忘的腦科學），苧阪満里子著，講談社，二〇一四年，第五十九至七十一頁。
21．Samuel M. McClure, P. Read Montague et al., "Neural Correlates of Behavioral Preference for Culturally Familiar Drinks", *Neuron*, Vol.44, pp.379-387, October 14, 2004。
22．《インタフェースデザインの心理学》（介面設計心理學），Susan Weinschenk，武舍廣幸等譯，O'Reilly Japan，二〇一二年，第四十九頁。
23．《心理学大図鑑》（心理學大圖鑑），Catherine Chorin 等著，小須田健譯，三省堂，二〇一三年，第一八〇至一八四頁。
24．《スティーブ・ジョブズ全発言－世界を動かした142の言葉》（史提夫．賈伯斯全語錄－撼動世界的142句話），桑原晃彌著，PHP，二〇一一年，第二十八至二十九頁。
25．http://www.disney.co.jp/movie/head/news/20141121_01.html
26．http://movies.disney.com/inside-out/story/
27．http://www.cinematoday.jp/movie/T0019553
28．http://www.consumersinternational.org/who-we-are/consumer-rights/
29．http://www.consumer.go.jp/seisaku/shingikai/iinkai4/pdf/ sankoushiryou3-1.pdf
30．http://www.tamagawa.jp/research/brain/news/detail_6476.html
31．Daniel Kruger, "Evolved foraging psychology underlies sex differences in shopping experiences and behaviors", *Journal of Social, Evolutionary, and Cultural Psychology*, Vol. 3(4), 2009。
32．《選択の科学》（選擇的科學），Sheena Iyengar 著，櫻井祐子譯，文藝春秋，二〇一〇年，第二五七至二五八頁。
33．A. Rangel, C. Camerer, and R. Montague, "A framework for studying the neurobiology of value-based decision-making", *Nature Reviews Neuroscience*, 2008. 9: 545-556.
34．http://www.sankei.com/premium/print/150412/prml504120005-c.html
35．Daniel Kahneman，Dan Lovallo，Oliver Sibony，「意思決定の行動経済学」（決策的行動經濟學），《DIAMOND ハーバード・ビジネス・レビュー》（哈佛商業評論），ダイヤモンド社（鑽石社），二〇一一年，第五十六至七十三頁。
36．《Mind Hacks—実験で知る脳と心のシステム》（腦力駭客一百招），Tom Stafford，Matt Webb 著，夏目大譯，O'Reilly Japan，二〇〇五年，第二六八至二六九頁。
37．《行動経済学入門》（行動經濟學入門），多田洋介著，日本経済新聞社，二〇〇三年，第六十六至六十七頁、第九十六至一一一頁。

38・http://earth-words.org/archives/7954

39・http://mgbijin.com/2013/07/11/726

40・https://ja.wikipedia.org/wiki/%E9%81%A9%E8%80%85%E7%94%9F%E5%AD%98

41・《進化しすぎた脳—中高生と語る［大脳生理学］の最前線》（過於進化的腦—和國高中生談論「大腦生理學」的最前線），池谷裕二著，講談社，二〇〇七年，第三五三至三五四頁。

42・http://www.kecl.ntt.co.jp/IllusionForum/

43・同註41，第一二六頁。

44・http://www.sponichi.co.jp/baseball/news/2013/04/26/kiji/K20130426005682040.html

45・同註41，第一三六至一四〇頁。

46・《プロ野球の職人たち》（職業棒球的職人們），二宮清純著，光文社，二〇一二年，第九十頁至九十七頁。

47・同註45，第一〇四頁。

48・http://mainichi.jp/sports/news/20140724k0000e050243000c.html

49・http://www.interaction-ipsj.org/archives/paper2010/demo/0124/0124.pdf

50・http://www.cyber.t.u-tokyo.ac.jp/ja/projects/

51・Morrot. G., Brochet, F.& Dubourdieu, D., "The Color of odors". *Brain and Language*. 2001,79, 309-320。

52・Plassmann. H., & O'Doherty, J., "Marketing actions can modulate neural representations of experienced pleasantness", *PNAS*, 2008。

53・V.S. Ramachandran. E.M. Hubbard，「数字に色を見る人たち—共感覚から脳を探る」（在數字看到顏色的人們—從共感探索大腦）『別冊日経サイエンス150』（別冊日經科學150），日経サイエンス社（日經科學社），二〇〇五年，第二十二至二十三頁。

54・V.S. Ramachandran. E.M. Hubbard, "Synaesthesia - A Window Into Perception, Thought and Language", *Journal of Conscious Studies*, 2001, No.12, pp.3-34.

55・同註54，第二十三至二十五頁。

56・《ボスだけを見る欧米人 みんなの顔まで見る日本人》（只看老闆臉色的歐美人：在意所有人目光的日本人），増田貴彦著，講談社，二〇一〇年，第一一六至一一九頁。

57・Brasel,S. Adam, and James Gips. "Red Bull 'Gives You Wings' for Better or Worse: A Double-Edged impact of Brand Exposure on Consumer Performance", *Journal of Consumer Psychology*, 2011。

58・《ミラーニューロンの発見—「物まね細胞」が明かす驚きの脳科学》（鏡像神經元的發現—「模仿細胞」所揭開令人驚訝的腦科學），

Marco Iacoboni 著，鹽原通緒譯，早川書房，二〇〇九年，第十八至二十二頁。

59．《ミラーニューロン》（鏡像神經元），Giacomo Rizzolatti，Corrado Sinigaglia 著，柴田裕之譯，茂木健一郎監修，紀伊國屋書店，二〇〇九年，第一四二至一五八頁。

60．同註59，第二〇二至二〇九頁。

61．https://face.paulekman.com/face/aboutmett2.aspx

62．《感情》（情感，來自演化？—看科學家如何發現情感的祕密），Dylan Evans 著，遠藤利彥譯，岩波書店，二〇〇五年，第四至六頁。

63．http://www.natureasia.com/ja-jp/nature/highlights/4380

64．同註58，第二十頁、第二七八頁。

65．http://admeter.usatoday.com

66．《なぜ脳は「なんとなく」で買ってしまうのか？》（為何腦會「不知不覺」就購物了呢？），田邊学司著、小野寺健司編著、三浦俊彥・萩原一平監修，ダイヤモンド社（鑽石社），二〇一三年，第六十八至七十一頁。

67．http://ir.lifenet-seimei.co.jp/strategy/markets.html

68．http://www.ms-ad-hd.com/basic_knowledge/02.html

69．《利他的な遺伝子—ヒトにモラルはあるか》（利他遺傳因子—人究竟有道德嗎），柳澤嘉一郎著，筑摩書房，二〇一一年，第八十六至八十九頁。

70．《溺れる脳—人はなぜ依存症になるのか》（沉迷的大腦—人為何會有依存症呢），M. Kuhar 著，船田正彥監譯，東京化学同人，二〇一四年，第九十至九十七頁。

71．同註70，第九十九頁。

72．《報酬を期待する脳—ニューロエコノミクスの新展開》（期待報酬的腦—神經經濟學的新展開），苧阪直行編，新曜社，二〇一四年，第十至十二頁。

73．同註72，第二至十頁。

74．http://diamond.jp/articles/-/21357?page=6

75．同註70，第一三六至一三七頁。

76．同註70，第一三八至一三九頁。

77．尾形裕也，「健康経営と企業経営の関わり」（健康經營與企業經營的關連），『産業保健21』（產業保健21）第七十七期，二〇一四年七月。

78．http://www.meti.go.jp/press/2014/03/20150325002/20150325002.html

79．http://www.nature.com/nature/journal/v435/n7042/full/ nature03701.html
80．同註69，第一〇八至一一二頁。
81．P. J. Zac，「信頼のホルモン オキシトシン」（信賴的賀爾蒙 催產素），『別冊日経サイエンス184』（別冊日經科學184），日経サイエンス社（日經科學社），第一〇六至一一三頁。
82．《「こころ」は遺伝子でどこまで決まるのか─パーソナルゲノム時代の脳科学》（「心」會由遺傳因子決定到何種程度呢─基因組時代的腦科學），宮川剛著，NHK出版，二〇一一年，第一七三至一七六頁。
83．同註82，第一七三至一七六頁。
84．http://wired.jp/2011/01/14/%E3%80%8C%E6%84%9B%E6%83%85%E3%83%9B%E3%83%AB%E3%83%A2%E3%83%B3%E3%80%8D%E3%82%AA%E3%82%AD%E3%82%B7%E3%83%88%E3%82%B7%E3%83%B3%E3%81%AE%E3%83%80%E3%83%BC%E3%82%AF%E3%82%B5%E3%82%A4%E3%83%89/
85．http://www.pnas.org/content/early/2011/01/06/ 1015316108
86．http://www.h.u-tokyo.ac.jp/vcms_lf/release_20141030.pdf
87．http://www.mededge.jp/b/tech/10529
88．https://www.endocrine.org/news-room/press-release-archives/2015/oxytocin-nasal-spray-causes-men-to-eat-fewer-calories
89．Kenji Doya, "Modulators of decision making", *Nature Neuroscience*, Vol.11. No.4, April 2008.
90．http://www.takarakuji-official.jp/educate/about/proceeds/index.html
91．http://kakuritu.gozaru.jp/sub/fl3.html
92．http:// www.landscape.co.jp/staff-blog/consulting/813.html
93．http://www.mhlw.go.jp/toukei/list/62-23.html
94．http://www.oralcare.co.jp/Concept/
95．http://clinica.lion.co.jp/yobou/new.htm
96．http://www2.dent.nihon-u.ac.jp/microbiology/publications/20120623.pdf
97．同註89。
98．http://www.recruit-ms.co.jp/research/2030/report/trendl.html
99．同註98。
100．同註98。

101・http://www.mhlw.go.jp/file/04-Houdouhappyou-12304500-Roukenkyoku-Ninchishougyakutaiboushitaisakusuishinshitsu/02_1.pdf
102・https://www.alz.co.uk/research/files/WorldAlzheimerReport-Japanese.pdf
103・同註102。
104・http://www.mhlw.go.jp/toukei/saikin/hw/jinkou/geppo/nengai11/toukei07.html
105・http://www.ohda-hp.ohda.shimane.jp/514.html
106・http://www.mhlw.go.jp/toukei/saikin/hw/k-tyosa/k-tyosa10/4-2.html
107・http://att.ebm-library.jp/conferences/2013/esc/12.html
108・http://www.mhlw.go.jp/seisaku/2010/07/03.html
109・http://www.nikkei.com/article/DGXNZO47078010Q2A011C1CR8000/
110・http://wfmh.com/wp-content/uploads/2013/11/2012_wmhdayjapanese.pdf
111・《平成七年版環境白書》（平成七年版環境白皮書），環境庁（環境廳）編著，第十八至十九頁。
112・http://uub.jp/rnk/p_j.html
https://www.teikokushoin.co.jp/statistics/japan/index03.html
113・http://theinstitute.ieee.org/ieee-roundup/members/achievements/do-your-internet-habits-indicate-depression
114・http://www.durkheimproject.org/news/durkheim-project-will-analyze-opt-in-data/
115・The Human Brain Project. A Report to the European Commission. 2012. 4. p17.
https://www.humanbrainproject.eu/documents/10180/17648/TheHBPReport_LR.pdf
116・http://www.keieiken.co.jp/aboutus/newsrelease/140401/
117・《日本の消費者はなぜタフなのか》（日本的消費者為何如此強悍），有斐閣，二〇一三年，第二五八至二六二頁。
118・《三つの脳の進化—反射脳・情動脳・理性脳と「人間らしさ」の起源》（三種大腦進化—反射腦・情感起伏腦・理性腦和「人性」的起源），Paul D. MacLean 著，法橋登編譯，工作舍，一九九四年，第二十一至二十三頁。
119・《脳をパワーアップしたい大人のための「脳のなんでも小事典」》（為想提升能力的大人所寫的「大腦二三事小事典」），川島隆太、泰羅雅登、中村克樹著，技術評論社，二〇〇四年，第十六至十七頁。
120・《脳のしくみ—脳の解剖から心のしくみまで》（大腦機制—從腦的解剖到心的機制），新星出版編集部編、中村克樹監修，新星出版社，二〇〇七年，第二十八至三十一頁。
121・《平成二十六年版情報通信白書》（平成二十六年版資訊通訊白書），「インターネットの利用動向」（網際網路的利用動向），総務省（總

務省）

122・《平成二十六年版情報通信白書》（平成二十六年版資訊通訊白書），「全世界でのＩＣＴの急速な浸透」（全世界性的ICT急速浸透狀況），務省（總務省）

123・《スマートマシンがやってくる》（智慧型裝置到來），John. E. Kerry3世，Steve Ham著，三木俊哉譯，日経BP社，二〇一四年。

124・経済産業省，「グリーンＩＴイニシアティブ」（綠色ＩＴ倡議）第二回資料，二〇〇八年年5月。

125・柳田敏雄，「平成二十四年度産総研関西センター本格研究ワークショップ講座予稿集」（平成二十四年度產總研關西中心正式研究講習會講座預稿集）

126・http://www.fujitsu.com/global/about/businesspolicy/tech/k/

127・http://www-06.ibm.com/jp/press/2013/08/1201.html

128・《日経エレクトロニクス》（日經電子）二〇一三年一月二十日刊，Intel公司的資料是由日經電子社製作。

129・《2045年問題—コンピューターが人類を超える日》（二〇四五年問題—電腦超越人類的日子），松田卓也著，廣済堂出版（廣濟堂出版），二〇一二年。

130・http://www.ibm.com/smarterplanet/jp/ja/ibmwatson/cognitive-computing-movies/

131・ＮＴＴデータ経営研究所（NTT data 經營研究所），「リサーチプロジエタト2014」（研究計畫2014），二〇一五年三月。

132・同上。

133・http://gblogs.cisco.com/jp/2013/06/iot-and-ioe-bring-us-happy-world/

134・同註3。

135・http://www.bostondynamics.com/

136・https://www.jstage.jst.go.jp/article/jaesjsts/31/2/31_83/_pdf

137・同上。

138・http://www.cnn.co.jp/video/14043.html

139・www.soc.titech.ac.jp/pubiication/ rheses2012/graduate/ 08_17830.pdf

140・荒井紀子，「人と機械が共生する未来」（人與機械共生的未來），『日経エレクトロニクス』（日經電子），二〇一三年一月二十一日。

141・《決断力》（決斷力），羽生善治，角川書店，二〇〇五年，第一六五頁。

142・http://www.hitachi-hri.com/research/keyword/k62.html

國家圖書館出版品預行編目（CIP）資料

用大腦行為科學玩行銷：操控潛意識，顧客不自覺掏錢買單，賣什麼都暢銷 / 萩原一平著；王郁雯譯. -- 初版. -- 臺北市：方言文化, 2017.02
面； 公分. -- (實戰商學院；2)
譯自：ビジネスに活かす脳科学
ISBN 978-986-94137-4-9 (平裝)

1. 腦部 2. 行為科學

394.911 106001014

實戰商學院 002

用大腦行為科學玩行銷

操控潛意識，顧客不自覺掏錢買單，賣什麼都暢銷

ビジネスに活かす脳科学

作者：萩原一平
譯者：王郁雯

總 編 輯：鄭明禮
責任編輯：莊惠淳
業務主任：劉嘉怡
業務行銷：龐郁男
會計行政：謝蕙青

封面設計：萬勝安
內頁設計：ZERO

出版發行：方言文化出版事業有限公司
劃撥帳號：50041064
電話：(02) 2370-2798 傳真：(02) 2370-2766

定 價：新台幣 360 元，港幣定價 120 元
初版一刷 2017 年 2 月 23 日
ISBN 978-986-94137-4-9

方言文化